浙江理工大学学术著作出版资金资助（2024年度）

产品设计决策与价值创造

Product Design Decision and the Creation of Value

段正洁◎著

·杭州·

图书在版编目（CIP）数据

产品设计决策与价值创造 / 段正洁著. -- 杭州 : 浙江大学出版社, 2024. 11. -- ISBN 978-7-308-25619-3

Ⅰ. TB472

中国国家版本馆 CIP 数据核字第 2024Q6W712 号

产品设计决策与价值创造

段正洁 著

策划编辑 吴伟伟
责任编辑 陈思佳（chensijia_ruc@163.com）
文字编辑 谢艳琴
责任校对 陈逸行
封面设计 雷建军
出版发行 浙江大学出版社
（杭州市天目山路 148 号 邮政编码 310007）
（网址：http://www.zjupress.com）
排　　版 杭州浙信文化传播有限公司
印　　刷 广东虎彩云印刷有限公司绍兴分公司
开　　本 710mm×1000mm 1/16
印　　张 14.75
字　　数 195 千
版 印 次 2024 年 11 月第 1 版 2024 年 11 月第 1 次印刷
书　　号 ISBN 978-7-308-25619-3
定　　价 68.00 元

序　一

《产品设计决策与价值创造》一书通过深入研究产品设计决策过程，以及探讨价值创造的深层次机理，为我们提供了宝贵的设计研究视角和思考。设计本质上是解决问题和创造价值，而决策恰恰表明设计是一个多方案选择的问题，这意味着决策是设计范式的内核之一。该书从价值创造的视角出发，结合设计学、心理学、管理学等多学科的理论与研究方法，对产品设计决策问题进行了深入探讨。

书中首先定义了产品设计决策的研究对象、专业术语，并对研究问题、方法和内容进行了综述。随后作者构建了基于价值构架的产品设计决策研究框架，明确了该书的研究范围与研究重点。该书通过对产品设计决策主体的群体构成及其利益诉求的分析，揭示了设计决策背后的动机与行为逻辑。此外，还探讨了产品设计决策力与设计价值生成的关系，分析了决策力的语义表征、决策力关系以及决策主体的价值偏好对设计价值表达与生成的影响。这些研究不仅丰富了设计决策的理论体系，也为设计实践提供了新的方法和视角。最后，该书提出了基于价值构架的产品设计决策方法论及其应用拓展，为产品设计决策的科学化和客观化提供了理论支持。

该书的研究不仅对于产品设计领域有着重要的理论和实践意义，也对其他相关设计行业具有一定的启示作用。通过阅读该书，我们可以更加深入地理解产品设计决策的过程和机理，从而在设计实践中更有效地创造价值。

作为作者的博士研究生导师，我坚信作者将继续以这份执着和努力，在学术上书写更多的精彩篇章。

赵江洪

岳麓山　湖南大学

2024 年 5 月 29 日

序　二

现代工业设计从1919年包豪斯（Bauhaus）开始发展到现在，已经有一百多年的历史了。虽然经过了百余年的发展，但工业设计作为一个专业甚至学科基础的地位似乎仍然受到质疑。以工业设计为代表的设计学科领域发展最大的挑战之一就是缺少所谓的专门知识，这个问题在设计管理和设计决策领域更加突出。段正洁的新书《产品设计决策与价值创造》基于设计学作为交叉学科的特点，通过一系列的理论分析和模型构建探索设计决策与价值创造相关领域的设计规律和设计知识，这对于设计决策作为设计管理的核心领域的发展具有重要意义。

值得注意的是，《产品设计决策与价值创造》一书中探讨的设计决策超越了决策作为管理科学中的研发流程以及心理学中的认知思维的范畴，进而将设计决策定义为一个价值产生和创造的过程。这种从设计师角度出发来定义设计决策的方式本身也是设计视角的创新。从价值的角度出发，该书提出了一系列有关设计决策的理论，从价值框架到价值主体，从价值诉求到价值创造，为设计决策和价值理论研究提供了全新的视角。

1978年，诺贝尔经济学奖获得者赫伯特·西蒙在其代表作《关于人为事物的科学》中提到，设计是一切专业学科的核心，是专业技术有别于科学的主要标志。作为经济学决策理论的创始人以及人工智能逻辑学派的重要代表人物，西蒙一直强调将经济、管理科学、人工智能与设计学等学科进行交叉融合，以构建起人为事物的科学，这深刻影响了上述学科近40年的发展。《产品设计决策与价值创造》一书所涉及的设计学、管理学、经济学交叉的研究领域正是我目前非常关注的领域，书中所提到的框架理论、决策语义等都是设计研究的重要内容。该书也让我们在当前设计与人工智能交叉融合的“洪流”中看到了设计研究更多的方向与可能性，这对于方兴未艾的设计学科的发展来说具有特殊的意义和价值。

段正洁是我在我的导师赵江洪教授的指导下培养的第一名博士研究生，该书是其博士学位论文的理论化与进一步发展，反映了湖南大学设计学科40多年来所秉持的“以人为中心”“基于研究的设计”“在干中学习”的设计范式，这也是湖南大学“实事求是、敢为人先”的思想和价值观在设计学科的一种映射与体现。期望该书的理论与框架能够为设计专门知识的积累、设计学科的发展以及设计实践提供一些有益的启示与参考。

谭　浩

长沙岳麓山下

2024年9月15日

前　言

产品设计是由多个决策组成的问题求解过程，如同设计本身，设计决策也是一个产生价值和创造价值的过程。从创造价值的意义上说，设计决策是一个价值构架。从设计研究的意义上说，决策对象的内部属性是设计价值表达的问题，决策主体的行为是对设计价值的架构和重构问题。本研究围绕以下三个学术问题展开：如何在价值创造的视角下构建产品设计决策的研究框架；设计决策主体的群体构成及其利益诉求是什么；产品设计决策如何通过决策力创造设计价值。

本研究采用理论与实证相结合的方法，提出理论框架、模式和模型。理论研究部分主要采用文献研究的方法，为研究提供理论依据，以设计学研究范式为主，涉及心理学、管理学、经济学等领域的研究基础。实证研究部分为研究提供事实依据，采用了案例分析法、参与式观察法、调研法、实验法等。

本研究的主要成果有以下四个方面。

第一，通过文献研究和理论辨析提出，设计决策具有创造价值的作用，对设计决策的研究要体现出其作为价值构架的意义。本书以两轮摩托车为例研究了决策对象的价值内涵。采用文献研究和工作坊方法提出了包含十个属性标签的价值属性量表，并归纳为社会价值、技术价值、商业价值三个综合价值维度。以案例分析为基础，研究决策对象的造型特征，提出造型特征是呈现设计价值的途径。以决策系统为研究前提，以多斯特（Dorst）模型为理论基础，提出了本书的研究框架，确立了本书的研究范围和研究重点。

第二，采用文献研究与实证研究相结合的方法，对决策主体的群体构成展开研究。基于决策参与度，识别了六类决策主体角色，分别是：设计师、工程师、管理者、供应商、经销商、用户。通过定性与定量相结合的研究方法对决策主体的利益诉求进行研究。定性研究结果表明：决策对象是决策主体利益诉求的来源，利益诉求是不同语境下决策主体对决策对象的需求投射。定量研究结果表明了六类决策主体利益诉求的特点，结果表明：利益诉求是决策主体的行为动机，反映了决策主体的价值观，设计决策需要围绕设计目标，决定如何在不同利益诉求之间高效推动设计的演化迭代，确保设计方向和结果的创新性与可行性。

第三，采用案例分析的方法对决策力及决策力关系进行研究，提出决策力是决策主体在设计决策中的影响力，表现为决策主体推动设计迭代的方式和手段。决策语义是决策力的外在表征，三种类型的决策语义导致了三种不同的设计迭代方式。设计方案的选择和迭代是在决策主体决策力的共同作用下产生的。采用实验研究和案例分析的方法，研究设计迭代过程中决策价值偏好与价值生成的关系。结果表明：决策主体的价值偏好是影响决策力的关键因素，决策主体的决策力与其利益诉求具有一致性关系，决策主体的价值偏好决定了新方案在满足其自身利益诉求的价值属性上具有高水平，从而生成新的设计价值。

第四，以价值判断研究为前提，建立了基于价值构架的产品设计决策方法论及其应用拓展，提出决策主体基于利益诉求对设计方案进行价值判断，继而通过决策力推动设计方案的迭代，使新方案在能够满足其自身利益诉求的价值属性上具有高水平，从而生成新的设计价值。设计决策作为一种设计价值构架，能在兼顾六类决策主体利益诉求的基础上，创造新的设计价值。

本书提出产品设计决策是一种价值构架，决策对象的内部属性是对设计价值的表达，决策主体的行为是对设计价值的架构和重构。决策主体由多种利益相关者角色构成，决策主体的利益诉求和决策力是对设计决策行为的抽象。基于多斯特模型中价值创造方式的两重含义：利益诉求是产生设计价值的动力，决策力是实现设计价值的方式。本研究提供了设计决策研究和价值理论研究的新视角，开辟了设计决策研究的新方法，具有设计决策的理论创新性和实践创新性。

目录

第一章　绪　论

第一节　研究背景

工业设计是以大批量和机械化为条件，以满足大多数人的需要为目的，将科技成果转化为商品的过程，其主要对象是产品（物质产品和非物质产品）①。作为对人造之物的创造活动，工业设计并没有唯一、不变的本质，所谓设计本质是随着时代发展而不断变化的②。产品是社会关系、经济结构、科技水平、生存方式等信息的物化，构成了设计的全部意义和价值。在新时代的背景下，设计重新定义了未来社会和未来经济发展的过程，通过创造意义，设计不仅驱动了创新，还推动了社会生活方式变革和新经济转型③。设计不仅是对"物"的占有，还是对"事"的理解，设计的本质是重组知识结构、整合资源，引导人类社会的可持续发展④。因此，当前工业设

① 张福昌．工业设计中的系统论思想与方法［J］．美与时代，2010(9)：9-14；张磊，葛为民，李玲玲，等．工业设计定义、范畴、方法及发展趋势综述［J］．机械设计，2013(8)：97-101.

② 赵伟．广义设计学的研究范式危机与转向：从"设计科学"到"设计研究"［D］．天津：天津大学，2012.

③ 娄永琪．转型时代的主动设计［J］．装饰，2015(7)：17-19.

④ 柳冠中．从"造物"到"谋事"——工业设计思维方式的转变［J］．苏州工艺美术职业技术学院学报，2015(3)：1-6.

计是以建构主义的态度，对设计价值、设计对象、设计系统进行建构和重构的。

本书从价值创造的视角对产品设计中的决策问题进行深入的研究和剖析。“决策”一词通常指从多种可能中做出选择和决定。设计就是由许多个决策组成的问题求解过程，是从总体上对影响设计的全局性问题进行全面分析与评价，并做出决断的过程[①]。设计决策包括对设计方案进行选择、判断、评价、建议等一系列行为。人们通常认为选择、判断是在多个设计方案中挑选出最优方案，而评价、建议是针对一个设计方案提出具体的修改意见。但在产品设计决策实践中，决策的对象有时是多个方案，有时是单个方案，决策的目的是不断对方案进行优化，以推进设计项目的进展，选择、判断、评价、建议等行为之间没有明确的界限。因此，本书所讨论的产品设计决策问题包括了对选择、判断、评价、建议等具体行为的讨论，主要研究设计决策行为对设计价值创造的作用和方法。

设计决策是由来自不同学科背景、具有不同知识结构的个体进行信息的共享和沟通。在大型复杂产品设计中，70% 的制造成本是由产品设计阶段的决策所决定的[②]，不当的产品设计决策会导致大量的产品缺陷，造成不可逆的损失。小米公司的创始人雷军认为，成功的产品是追求极致、用户需求与企业实践之间的妥协。因此，设计决策问题不仅是对创意、造型的评判，还包括技术指标、市场、资金、行业生态等的综合决定，更接近于真实设计情境的问题。

如同工业设计本身，设计决策也是一个产生价值和创造价值的过程。乔布斯认为，最重要的决定不是你要做什么，而是你决定不

① 刘晓东，宋笔锋 . 复杂工程系统概念设计决策理论与方法综述 [J]. 系统工程理论与实践，2004(12): 72-77.

② Andersen M, Khler S, Lund T. Design for Assembly [M]. London: IFS Publications, 1986.

做什么。设计决策的目的不只是追求便利、经济、舒适，更要以可持续发展的战略眼光赋予设计价值。本书以建构主义的态度，对产品设计决策问题展开深入研究，试图分析设计决策的理论意义和实践意义。

第二节　文献综述

本书的文献综述分为四个模块。决策理论研究部分主要综述了决策研究中重要的理论学说，为本书研究提供了学术背景信息。价值理论研究部分主要从价值研究范畴和设计研究范式两方面阐述了当前设计价值研究的内涵和视角，阐述了在价值视角下进行设计决策研究的意义。群体创新研究部分主要阐述了群体创新的研究内容及其在设计领域中的应用，为设计决策研究提供了研究思维背景信息。群体决策研究部分主要阐述了群体决策在设计中的意义和作用，分析了研究现状以及当前的研究中存在的不足。

一、决策理论研究

事物的发展方向是未知的，人们需要根据所掌握的信息对事物未来会出现的各种可能性进行预测，对某些行动方案可能产生的后果进行合理估计，以便在几种可能的行动方案中做出明智的选择，这个过程就是决策的逻辑过程[①]。在实践中，决策问题可能发生在任何场景中，个人、组织都需要进行科学的决策。决策科学就是为了研究如何科学地进行决策而产生的一门科学。有关决策的概念、原理、学说可以统称为决策理论。最先提出决策理论观点的是美国学

---

① 吴鸽，周晶，雷丽彩. 行为决策理论综述 [J]. 南京工业大学学报（社会科学版），2013(3)：101-105.

者古立克（Gulick），他从行政管理的角度提出决策是管理的重要功能之一[①]。随着决策理论的不断发展，学界将系统理论、运筹学、计算机科学等综合起来，形成相关的决策过程、准则、类型及方法，并运用于管理决策问题的理论体系，其中影响力较大的有渐进决策理论[②]、理性选择理论[③]、有限理性理论[④]。

对于决策的过程，林德布洛姆认为，相较于传统的理性决策理论，决策更是一个循序渐进的过程[⑤]。首先，决策者面对的决策问题不是一个既定的问题，或者说，即使是一个既定的问题，不同的决策者也可能有不同的认识。因此决策者需要明确所谓的问题并予以说明。其次，价值观对决策产生影响。由于不同个体的价值观之间存在着较大的差异，决策团队在选择决策备选方案时必然会出现意见不一致的情况。因此决策者在决策时会在既有的基础上采取一种循序渐进的方式，也就是通过连续不断的微小改变逐渐使决策目标得以实现。渐进决策的模式是将决策看作一个前后衔接的连续过程，是在来自过去的、既定的条件下进行的，是符合一般事物发展规律的决策模式。从这个意义上讲，设计决策面对的设计问题同样不是一个既定的问题，设计问题是所谓的不良结构问题。因此，设计决策是一个设计迭代过程中的决策问题，也许就是所谓的渐进决策问题。

在决策者行为上，科尔曼（Coleman）提出，行动系统、行动结构、行动权利等基本概念是理性选择理论的基础，借助于对微观个

---

① Gulick L, Lyndall U. Papers on the Science of Administration [M]. London: Routledge, 2004.

② 林德布洛姆. 决策过程 [M]. 竺乾威，胡君芳，译. 上海：上海译文出版社，1988.

③ 科尔曼. 社会理论的基础 [M]. 邓方，译. 北京：社会科学文献出版社，1999.

④ 西蒙. 管理行为 [M]. 杨砺，韩春立，译. 北京：北京经济学院出版社，1988.

⑤ 丁煌. 林德布洛姆的渐进决策理论 [J]. 国际技术经济研究，1999(3): 20-27.

体行动的解释能够说明宏观的社会现象和社会事实[①]。行动系统包括行动者、资源和利益等三个基本元素。具有目的性的理性人即是经济学中所谓的行动者，具有一定的利益偏好。行动者控制着行动中的获利资源，以此来满足个人的利益。不同的行动背景导致行动系统内部存在不同的行动结构，在行动者之间形成了不同的关系。理性选择理论认为个体行为与社会结构是一个相互统一的动态过程，注重对个体行为的研究，为理解与解释社会基本事实奠定了基础，实现了微观与宏观之间的互动整合[②]。产品设计是一个实践性突出的领域，产品设计决策就是一个行动系统，也涉及行动者（决策主体）、资源和利益。

在决策条件上，有限理性理论是西蒙（Simon）综合了心理学、管理学、经济学、信息科学和行为科学等领域的观点所提出的具有系统性的决策理论。因对组织内决策程序的开创性研究，西蒙获得了 1978 年的诺贝尔经济学奖[③]。西蒙认为，人类的决策行为受环境因素的复杂性、不确定性以及决策者心理因素的影响，决策行为不能排除个体的情感、偏好等因素的干扰，是基于人类有限理性事实的行为。由于现实生活中很少有具备完备理性的假定前提，人们通常需要借助一定程度的主观判断才能进行决策。也就是说，个人或组织的决策行为都是在有限理性条件下进行的。有关决策的合理性理论必须考虑人的基本生理限制以及由此带来的认知限制、动机限制及其相互影响的限制[④]。相对而言，有限理性假设弥补了完全理性假设的非现实性的缺陷，充分分析了现实决策中决策者所受到的主

① 高连克. 论科尔曼的理性选择理论［J］. 集美大学学报（哲学社会科学版），2005(3)：18-23.

② 张缨. 科尔曼法人行动理论述评［J］. 中国社会科学院研究生院学报，2001(4)：89-94，112.

③ 宋月丽. 关于西蒙决策理论的评述［J］. 心理科学，1987(2)：58-63.

④ 刘丽丽，闫永新. 西蒙决策理论研究综述［J］. 商业时代，2013(17)：116-117.

观、客观上的条件限制和约束，并在这个基础上研究现实决策模式，提出了满意决策理论，拉近了理论与现实的距离，更有利于指导实践[①]。从这个意义上讲，设计问题求解受有限理性的限制，只能是有条件的满意解，是所谓的利益兼顾问题。

以上三种决策理论分别研究了决策过程、决策者行为、决策条件，是决策研究的三种研究范式，既各自独立，又相互关联，为本书设计决策研究提供了重要的学术背景信息，使主要研究概念和关键术语都具有特定的理论前提。

二、价值理论研究

价值理论主要分为经济学上的价值和哲学中的价值。在经济学中，价值指凝结在商品中的一般的、无差别的人类劳动[②]。19 世纪中叶，洛茨（Lotze）和文德尔班（Windelband）将价值这一概念运用到哲学研究领域，进而发展出了价值哲学。之后多个人文学科领域都相继展开了对价值问题的研究，为观察社会现象、思考社会生活提供了新的视角。哲学价值理论中的价值反映的是“主体—客体”的辩证关系，泛指一切客体对主体的效用或意义，既可以是物品的效用或意义，也可以是活动或人的效用或意义，即客体以自身属性满足主体需要和主体需要被客体满足的效益关系[③]。Neumann 和 Morgenstern 在博弈论与经济行为理论中将价值理论从哲学和社会学领域的研究发展为对决策理论的探讨[④]。March 认为，价值理论

---

① 李秀华 . 从完全理性到有限理性：西蒙决策理论的实践价值［J］. 现代经济信息，2009(13)：173-175.

② 巢峰 . 简明马克思主义词典［M］. 上海：上海辞书出版社，1990.

③ 李春晓 . 基于价值创造的服装品牌设计人才评价研究［D］. 杭州：中国美术学院，2019.

④ Neumann J V, Morgenstern O. Theory of Games and Economic Behavior［M］. Princeton: Princeton University Press, 2007.

是任何设计理论的基础，所有的人类活动都包含了决策和价值的问题[①]。Elioseff 等从价值理论出发，对决策与价值表达之间的关系进行了论证，提出通过观察决策中的行为和言语可以推断出决策者的价值观[②]。Rokeach 认为，决策者的价值观构成一个价值体系，指导决策的总体行为计划[③]。这说明决策的价值一方面涵盖了决策主体的价值观念，另一方面体现了通过决策行为获得的决策结果所带来的价值。

从价值内涵来看，设计价值是设计对象承载的全部意义，是生态价值、社会价值和个人价值的统一体现。设计的角色和价值是什么？鲁晓波认为，在寻找难题的解决方案中创造价值就是设计的价值[④]。有学者提出，过去几十年中，设计在广度和深度两个维度上发生了变化，这使得设计比以前所理解的更加复杂。设计在社会反思和批判中转向对社会创新、可持续发展与环境保护的关注，并逐步在推动创新与社会的联结、发展人类福祉的方向上发挥积极而重要的作用。一个非常重要的转变就是从对物质生产（价值客体）的关注和定义转向对人（价值主体）的关注和定义，其中最为核心的就是对设计价值的重新思考[⑤]。维多利亚与艾尔伯特博物馆 2021 年举办的题为“设计的价值在中国”的展览提出了当前时代对设计价值的关注点，包括伦理、可持续、身份和消费、多元文化等。这意味

---

① March L. The Logic of Design and the Question of Value [M]. Cambridge: Cambridge University Press, 1976.

② Elioseff L A, Rescher N, Baier K. Introduction to Value Theory [J]. Journal of Aesthetics and Art Criticism,1969(1): 133-134.

③ Rokeach M. The Nature of Human Values [J]. American Journal of Sociology, 1973(2): 17-31.

④ 鲁晓波 . 鲁晓波：应变与求变 时代变革与设计学科发展思考 [J]. 设计，2021(12): 56-59.

⑤ 曼奇尼 . 设计，在人人设计的时代：社会创新设计导论 [M]. 钟芳，马谨，译 . 北京：电子工业出版社，2016.

着设计价值的范畴和边界是非常宽泛的，既包括产品本身的情感价值、道德价值、经济价值、使用价值、材料价值等，还包括通过产品所表达的对人、生态和未来的思考。同时，价值主体的边界也得到进一步的扩充，从个体延伸至组织、社会和自然界。

从研究范式来看，设计价值的研究具有哲学和实践两个层面的含义①。哲学层面是对设计伦理、设计价值观、设计批评等方面的讨论。实践层面主要是在设计应用的背景下进行设计价值的研究。德布林公司提出了创新十型价值评价模型②。Ouden 提出了基于用户、组织、生态、社会的价值模型③，此外，国际设计管理学会（Design Management Institute，简称 DMI）也将设计管理聚焦到设计的价值层面④。赵江洪等提出了从理论性到现实性的四种设计研究范式（见图 1.1）：设计求真研究、设计求用研究、设计实践研究、设计构架研究。设计求真研究是对设计本体层的研究，旨在研究设计本来、真实的存在。设计求用研究是指应该怎样设计的研究，主要是对设计素材、设计工具、设计方法和产品属性的研究。设计实践研究认为设计实践是具有更广泛意义的概念原型⑤，与理论研究一样，能够产生新知识。而设计构架研究是从设计价值层面展开，将设计看作是一种对价值的架构，是未来设计研究发展的重要范式。

---

① Rodgers P A, Mazzarella F, Conerney L. Interrogating the Value of Design Research for Change［J］. The Design Journal, 2020(4): 491-514.

② 基利，派克尔，奎因，等. 创新十型［M］. 余锋，宋志慧，译. 北京：机械工业出版社，2014.

③ Ouden E D. Innovation Design: Creating Value for People, Organizations and Society［M］. London: Springer, 2013.

④ Westcott M, Sato S, Mrazek D, et al. The DMI Design Value Scorecard: A New Design Measurement and Management Model［J］. Design Management Review, 2013(4): 10-16.

⑤ Zimmerman J, Forlizzi J, Evenson S. Research through Design as a Method for Interaction Design Research in HCI［M］. New York: ACM Press, 2007.

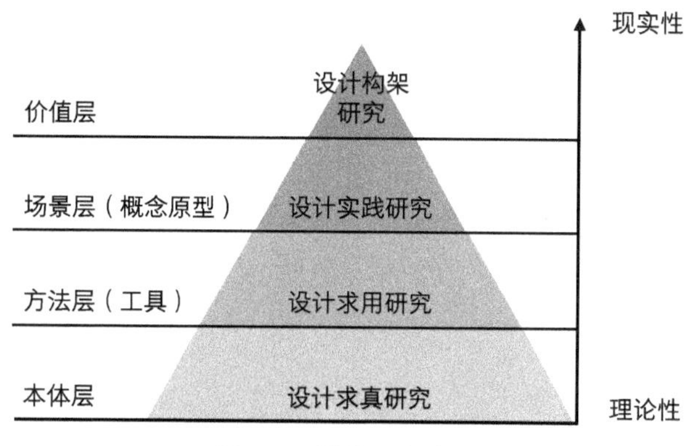

图 1.1 设计研究范式

资料来源：赵江洪，赵丹华，顾方舟．设计研究：回顾与反思［J］．装饰，2019(10)：12-16.

清华大学设计管理研究所提出了设计研究驱动下的设计价值体系变革（见图 1.2），从两个维度定义设计价值系统和设计价值的实现过程，梳理了设计研究驱动的设计价值体系变革的理论框架。

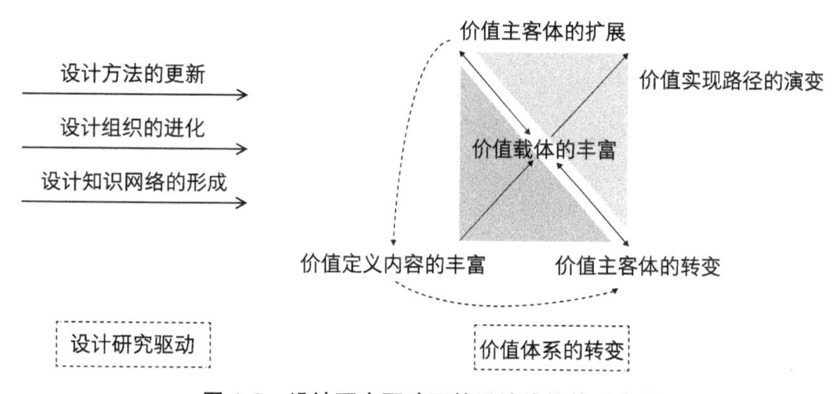

图 1.2 设计研究驱动下的设计价值体系变革

资料来源：蔡军，李洪海，饶永刚．设计范式转变下的设计研究驱动价值创新［J］．装饰，2020(5)：10-15.

在图 1.2 中，一个维度是设计价值要素维度，包括价值主体、价值客体以及价值载体；另一个维度则是价值实现的关系维度，价值关系体现在价值实现的过程中，存在对于价值的筛选和评价。研究提出，问题求解与意义构建是价值实现的主要路径，设计研究对于设计价值体系的影响主要体现在设计方法的更新、设计组织的进化、设计知识网络的形成三个方面。在设计研究驱动下，价值体系的转变具体表现为：价值主客体的扩展与转变、价值定义内容的丰富、价值载体的丰富以及价值实现路径的演变。

Dorst 通过科学研究与设计研究的对比提出了设计创造价值的具体形式——价值构架[①]。多斯特（Dorst）认为，在设计研究中，设计的对象以及设计的方法都是未知的，唯一明确的是设计的目的，即通过设计所获得的价值。设计的逻辑就是在价值创造方式和价值之间生成一个构架。在此基础上，有大量对价值构架的研究。Carlgren 等在实证访谈研究的基础上建立了一个框架结构，从用户焦点、问题框架、可视化、实验和多样性等方面陈述了通过设计思维创造价值的特点[②]。Baldassarre 等提出了一个可持续价值的设计架构和设计过程，以实现为多个利益相关者创造价值的目的[③]。Pedersen 基于该模型讨论了协同设计中的价值创新[④]。Cash 认为系统地使用价值构架这样的解释性框架进行设计研究是设计理论研究的核心[⑤]。同时，通过文献研究发现，目前尚未有一个全面的理论体系或解释性框架从价值创造的视角对产品设计决策问题进行讨论。

---

① Dorst K. The Core of Design Thinking and Its Application [J]. Design Studies, 2011(6): 521-532.

② Carlgren L, Rauth I, Elmquist M. Framing Design Thinking: The Concept in Idea and Enactment [J]. Creativity and Innovation Management, 2016(1): 38-57.

③ Baldassarre B, Calabretta G, Bocken N, et al. Bridging Sustainable Business Model Innovation and User-Driven Innovation: A Process for Sustainable Value Proposition Design [J]. Journal of Cleaner Production, 2017(20): 175-186.

④ Pedersen S. Staging Negotiation Spaces: A Co-Design Framework [J]. Design Studies, 2020(68): 58-81.

⑤ Cash P. Where Next for Design Research? Understanding Research Impact and Theory Building [J]. Design Studies, 2020(68): 113-141.

由以上研究可知，设计研究的重点内容是对设计价值的研究。一方面，设计价值内涵的范畴非常广泛，包括设计对象本身的价值以及设计对象与人、社会、自然的关系价值。另一方面，从价值视角对设计问题进行思考是未来设计研究的重要范式。本书基于设计价值的思想对设计决策问题进行研究，在产品设计领域中对设计价值的研究边界进行明确的界定，并试图从价值层面探索设计决策的理论意义和实践意义。

三、群体创新研究

“swarm（群）”这一单词的最初含义通常是指一群（正在移动的）昆虫，如蜂群、蚁群等，这些微小的生命体总是以群体活动的方式完成觅食、筑巢等行为，显示出远超个体能力总和的优越表现[①]。共识自主性对这种群体行为进行了解释：基于生物个体间的信息协调机制，所有个体相互修正并产生行动，最终使整个群体宏观上呈现出自组织性、协作性、稳定性及对环境的适应性，形成自发、连贯、系统性的群体行为。群体创新是指围绕特定目标，将多个主体按照一定的原则组织起来的创新活动[②]。群体创新建立在成员间的有效合作上，成员的知识构成越多样化，其所能提供的创新视角就越多，产生的创新想法也就越多，这些因素会极大地影响团队的运作过程和决策[③]。对于设计项目团队这样的较小规模的团队，此效果

---

① 孙佳琛，王金龙，陈瑾，等．群体智能协同通信：愿景、模型和关键技术［J］．中国科学：信息科学，2020(3)：307-317.

② 罗仕鉴．群智创新：人工智能2.0时代的新兴创新范式［J］．包装工程，2020(6)：50-56，66.

③ Dahlin K B, Weingart L R, Hinds P J. Team Diversity and Information Use［J］. The Academy of Management Journal, 2005(6): 1107-1123; Karakowsky L. Do My Contributions Matter? The Influence of Imputed Expertise on Member Involvement and Self-Evaluations in the Work Group［J］. Group & Organization Management, 2001(1): 70-92.

更为明显[①]。

产品设计是基于对客观环境的洞见和观察，将抽象的机会概念转化为具象的设计方案的探索过程，可被描述为有特定目的的创新。奥克斯曼（Oxman）提出的克氏循环创意图谱将人的创造力分为四种模式：科学、工程、设计和艺术，并形成一个闭环（见图 1.3）。

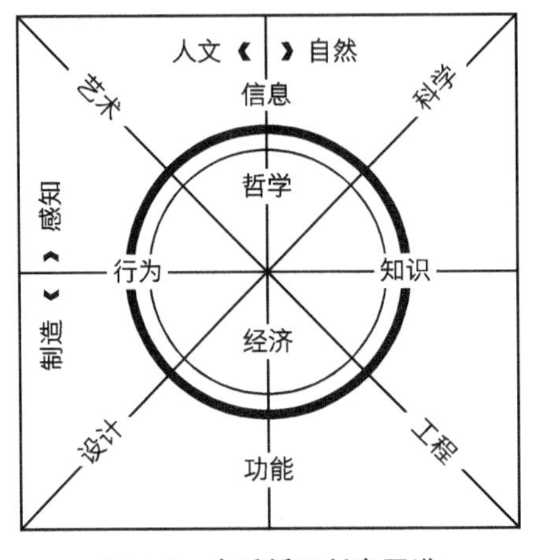

图 1.3 克氏循环创意图谱

资料来源：Oxman N. Age of Entanglement [J]. Journal of Design and Science, 2016(13): 1-11.

科学是为了解释并预测我们周围世界的运转，把信息转化为知识。工程是为了将科学知识应用到解决实际问题的方案中，把知识转化为效用。设计是为了提供解决方案的具体实现形式，将效用最大化，并增强人类的体验，把效用转化为行为。艺术是为了质疑人类行为，让我们更清楚地认识周围的世界，把行为转化为对信息的新认知，以崭新的面貌呈现数据并从科学部分开启又一个循环。因此，设计既有艺术的方式，也与工程和科学难分彼此；如果要产生

① Kearney E, Gebert D, Voelpel S C. When and How Diversity Benefits Teams: The Importance of Team Members' Need For Cognition [J]. Academy of Management Journal, 2009(3): 581-598.

有意义的设计，设计工作就不会在单一、狭窄的领域中展开。

Rowe 将“设计思维”这一术语用于表示设计研究人员的集体意识，强调共同解决问题的概念和集体决策的复杂框架①。在设计思维的研究中，一项研究重点是运用设计思维协调各种设计原则，交流各种观点，综合多角色知识进行思维管理②。在目前的产品设计决策研究中，对决策主体构成的讨论是较为笼统的，其将所有参与设计决策的主体都概括为决策者。产品设计包括审美、技术、商业和社会等因素③。设计通常需要探索和整合来自多个领域学科的专家的动态且多样化的知识，并对产品外部的社会语境进行探索，了解应如何支持与其相关的社会工作任务。产品设计的流程、工具和系统的开发都需要不同学科的共同参与。产品设计的群体创新意味着要在新的经济环境下聚集多学科资源，开展协同创新设计的一种活动，不仅要关注设计专家团队，还要吸引、汇聚大量参与者来共同应对挑战性设计任务。Bucciarelli 和 Schön 认为，设计是一个共享的、具有社会性的过程，是不同参与者之间互动和协调的社交过程④。成员的多样性意味着需要对群体组织，即具有不同职能角色或学科背景的成员，进行有效的管理。以决策者这个笼统的身份对决策主体进行讨论是不合理的，因此，对决策群体构成的研究，即识别决策主体角色是极为必要的。

在应用研究方面，文献研究表明，有许多研究在群体创新的应

---

① Rowe P G. Design Thinking [M]. Cambridge: MIT Press, 1991.

② Stempfle J, Badke-Schaub P. Thinking in Design Teams-an Analysis of Team Communication [J]. Design Studies, 2002(5): 473-496.

③ Khurana A, Rosenthal S R. Towards Holistic “Front Ends”in New Product Development [J]. Journal of Product Innovation Management, 1998(15): 134-167.

④ Bucciarelli L, Schön D. Generic Design Process in Architecture and Engineering: A Dialogue Concerning at Least Two Design Worlds [C]// Proceedings of the NSF Workshop in Design Theory and Methodology, 1987.

用方面提出了新观点。Taeuscher 以认知理论为基础，提出外部信息刺激有助于提高群体的创新性[①]。Kim 和 Lui 提出了关于产品组织创新与商业集团网络相关性的理论模型[②]。Wang 等讨论了商业群体与市场创新制度之间的关系，提出创新群体能够从与制度环境的互动关系中获得相应的利益[③]。张爱琴等通过对集成管理和集成应用的研究，构建了三维框架模型用于分析工程技术项目中的群体创新[④]。李浩等揭示了群体创新中变革型和伦理型领导机制的神经机理[⑤]。刘景方等研究了如何获取创新群体的价值以及如何为创新群体创造价值等问题[⑥]。群体行为的量化分析对群体创新的研究具有重要的意义[⑦]。但由于创新的抽象性以及群体系统的动态性和复杂性，目前针对群体创新行为量化方面的研究仍较少，人们对于如何判别和度量群体创新行为尚未达成共识。

综上可知，产品设计是一个群体创新的过程，是设计思维的研究范畴。产品设计决策研究基于群体创新的思维模式展开，研究设计决策的群体构成及群体创新应用，并尝试采用定性研究和量化分析的方法对主体行为进行深入研究，试图为设计决策研究开拓新的

---

① Taeuscher K. Leveraging Collective Intelligence: How to Design and Manage Crowd-Based Business Models [J]. Business Horizons, 2017(2): 237-245.

② Kim Y, Lui S S. The Impacts of External Network and Business Group on Innovation: Do the Types of Innovation Matter? [J]. Journal of Business Research, 2015(9): 1964-1973.

③ Wang C, Yi J, Kafouros M, et al. Under What Institutional Conditions Do Business Groups Enhance Innovation Performance? [J]. Journal of Business Research, 2015(3): 694-702.

④ 张爱琴，侯光明，李存金．面向工程技术项目的群体创新方法集成研究 [J]. 科学学研究，2014(2): 297-304.

⑤ 李浩，许紫开，周璐．认知神经科学对群体创新机制的理论拓展 [J]. 科学学研究，2019(4): 590-596.

⑥ 刘景方，李嘉，张朋柱，等．外部信息刺激对群体创新绩效的影响 [J]. 系统管理学报，2017(2): 201-209.

⑦ Bonabeau E, Dorigo M, Theraulaz G. Inspiration for Optimization from Social Insect Behavior [J]. Nature, 2000(406): 39-42.

研究方法。

四、群体决策研究

产品设计决策思想是将成熟的经济学决策理论引入产品设计开发领域的方法①。设计决策思想认为，决策活动是产品设计开发的本质，产品设计开发是产品设计与有限资源的权衡和博弈②。设计科学认为设计决策是设计求解活动中最重要的环节之一③。设计过程是一个由一系列决策所组成的链条，即针对上一个级别方案的决策形成了下一个级别的设计约束。决策链条涉及很多方面，包括金融、购买、制造、销售等，在设计决策中需要汇总多个领域的信息和数据，并进行集中处理，从而作出决策④。产品设计是产品研发项目的前馈步骤，设计过程中对相关要素的忽视往往会导致后期的技术返工，甚至商业活动的失败，造成设计研发投入的资源浪费。与产品相关的需求、概念以及大部分成本核算是在产品研发过程的早期阶段（即产品设计阶段）确定的⑤。因此，在产品设计过程中尽可能多地掌握多方面的产品信息，进行全面的设计决策是重要且必要的。

在产品设计活动中，存在感性知识分布的离散性以及个体知识的局限性⑥。方案设计与设计决策都需要用户、管理者等多个特定个体

---

① 张芳燕，范俊伟，刘卓．基于效用理论的产品设计决策方法及实例研究［J］．机械设计，2015(5)：109-113.

② 刘晓东，宋笔锋．复杂工程系统概念设计决策理论与方法综述［J］．系统工程理论与实践，2004(12)：72-77.

③ Nikander J B, Liikkanen L A, Laakso M. The Preference Effect in Design Concept Evaluation［J］. Design Studies, 2014(5): 473-499.

④ Barton J A. Design Decision Chains as a Basis for Design Analysis［J］. Journal of Engineering Design, 2010(3): 283-297.

⑤ Harding J A, Popplewell R. An Intelligent Information Framework Relating Customer Requirements and Product Characteristics［J］. Computers in Industry, 2001(44): 51-65.

⑥ 司马贺．人工科学：复杂性面面观［M］．武夷山，译．上海：上海科技教育出版社，2004.

参与其中，共同探究设计问题，辅助完善设计结果。这种以多个决策主体就同一问题共同进行决策的过程属于群体决策。群体决策问题属于管理学的研究范畴，表现为依据不同专家给出的决策信息对不同方案进行综合排序以确定最优方案的过程。将群体决策思想引入产品设计决策的意义在于，综合多领域的决策信息，兼顾多主体的利益，以科学的方法研究产品设计决策问题[①]。充分利用各学科间相互作用所产生的协同效应进行设计变量的各领域协同决策是产品开发中的一个关键问题[②]，也是决策问题未来的重要研究方向之一[③]。文献研究结果表明，群体决策是决策理论领域的研究热点，当前对群体决策的研究涉及一些新的决策思想和决策方法。Sobieszczanski-Sobieski 和 Haftka 研究了多学科协同的单步决策法[④]。Kroo 等提出了双层决策的协同优化方法[⑤]。Sobieski 和 Kroo 设计了多学科协同决策的并行子空间优化法[⑥]。Kusiak 等在追踪不同设计领域间设计约束依赖关系的基础上提出了多学科协同决策的约束协商法[⑦]。Badhrinath 和 Jagannatha 建立了多人协同决策的博弈模型，并用“主—从”博弈方式描述了产品设计与制造之间的关系[⑧]。Lewish 和 Mistree 总结了

---

① 杨雷 . 群体决策理论与应用［M］. 北京：经济科学出版社，2004.

② 闫利军，李宗斌，袁小阳，等 . 鲁棒的多学科设计协同决策方法［J］. 机械工程学报，2010(5): 168-176.

③ Balling R J, Sobieszczanski-Sobieski J. Optimization of Coupled Systems – a Critical Overview of Approaches［J］. AIAA Journal, 1996(1): 6-17.

④ Sobieszczanski-Sobieski J, Haftka R T. Multidisciplinary Aerospace Design Optimization: Survey of Recent Developments［J］. Structural Optimization, 1997(1): 1-23.

⑤ Kroo I, Altus S, Braun R, et al. Multidisciplinary Optimization Methods for Aircraft Preliminary Design［C］// 5th Symposium on Multidisciplinary Analysis and Optimization, 1994.

⑥ Sobieski I P, Kroo I M. Collaborative Optimization Using Response Surface Estimation［J］. AIAA Journal, 2000(10): 1931-1938.

⑦ Kusiak A, Wang J, He D W. Negotiation in Constraint-Based Design［J］. Journal of Mechanical Design, 1996(4): 470-477.

⑧ Badhrinath K, Jagannatha R. Modeling for Concurrent Design Using Game Theory Formulations［J］. Concurrent Engineering, 1996(4): 389-399.

三种典型的博弈方式，分别描述了产品设计的多学科协同决策中决策者之间的不同合作关系[①]。

然而主体的多样性问题会造成一定的负面作用[②]。各方的利益出发点不同导致了不同的决策策略，主体之间的异质性信息形成了决策中的冲突，造成了决策问题的不收敛。当前的研究主要集中于冲突消解的方法层面上，对引发冲突的原因，即决策主体的内在特性，则较少涉及。Michalek 等对工程设计决策中的决策偏好进行了研究，然而并没有对决策主体的主观属性展开详述[③]。辛明军提出了分布式的群体决策支持技术研究方法，但其中并没有对决策群体的特征进行分析[④]。赵海燕围绕协同设计中的决策理论、决策信息和决策特性展开了研究，但并没有对决策者的主体特性进行研究[⑤]。文献研究结果表明，群体决策的研究方法主要集中在对设计方案的评判方法上，忽视了决策主体的感性需求和内在动因，无法反映不同个体的具体想法和真实期望。因此，寻找合理的理论基础，构建有效的分析方法，并对决策主体的主体特征和主观属性进行解释，是设计决策研究的关键内容。

---

① Lewis K, Mistree F. Modeling the Interactions in Multidisciplinary Design: A Game - Theoretic Approach [J]. Journal of Aircraft, 1997(8): 1387-1392.

② Durmusoglu S S. Open Innovation: The New Imperative for Creating and Profiting from Technology [J]. European Journal of Innovation Management, 2004(1): 123-145.

③ Michalek J J, Feinberg F M, Papalambros P Y. An Optimal Marketing and Engineering Design Model for Product Development Using Analytical Target Cascading [C]// Proceedings of the Tools and Methods of Competitive Engineering Conference, 2004.

④ 辛明军 . 面向协同设计系统的分布式群体决策支持技术研究 [D]. 西安：西北工业大学，2002.

⑤ 赵海燕 . 协同产品开发中的决策支持理论和技术研究 [D]. 南京：南京理工大学，2000.

第三节 问题提出、研究意义与关键术语

一、问题的提出

通过文献研究和设计实践观察，笔者认为产品设计决策研究的现状与不足之处有以下三点。

第一，设计决策的目的是要以可持续发展的战略眼光赋予设计价值。从价值层面对决策理论进行探讨具有两层含义。首先，价值是决策的标准和目的。价值支持了决策者的实践行为，既表现为评估方案时的理性考虑，又表现为在若干行动方案中寻求最佳选择的标准。其次，决策是以目标去确定价值、以行动或手段去追求价值的过程。决策的意义在于它不仅是对已经存在的事物的判断，还是关于将要实现或可能出现的事物的命题，价值的生产和创造也是通过评价与决策来实现的。系统地采用解释性框架进行理论研究是设计研究的未来[①]。将决策置于价值结构中进行讨论是当前决策问题研究的重点。然而，目前还没有一个全面的理论体系从价值创造的视角对产品设计决策问题进行讨论。

第二，产品设计决策是一项群体性的创新活动，各学科、各领域间的协同决策是产品设计中的一个关键问题，也是产品设计决策问题未来的重要研究方向之一。目前的产品设计决策研究对决策主体构成的讨论是较为笼统的，将所有参与设计决策的主体都概括为决策者。产品设计决策主体具有复杂的群体构成和鲜明的个体特征，以决策者这个笼统的身份对决策主体进行讨论是不合理的。

第三，目前对设计决策的研究主要集中在对设计方案的评判方

① Cash P.Where Next for Design Research? Understanding Research Impact and Theory Building [J]. Design Studies, 2020(1): 113-141.

法上，忽视了决策主体的感性需求和内在动因，无法反映不同个体的具体想法和真实期望。

因此，寻找合理的理论基础，构建设计决策研究的理论体系，对产品设计决策的价值范畴进行定义，并对决策主体的主体特征和主观属性进行解释，既是设计决策研究的关键内容，也是本书研究的主要内容。本书从价值创造的视角出发，整合管理学、社会学、心理学的相关理论和研究方法，试图从价值层面探索设计决策的理论意义和实践意义。研究围绕以下三个学术问题展开。

一是如何在价值创造的视角下构建产品设计决策的研究框架?

二是设计决策主体的群体构成及其利益诉求是什么?

三是产品设计决策如何通过决策力创造设计价值?

对以上问题的分析与解答分别对应本书第二、三、四章的研究内容。

二、研究的理论意义和实践意义

从理论的角度将设计看作是一种对价值的创造是未来设计研究发展的重要范式。价值构架是在价值创造方式和价值之间架构和重构的迭代过程，其研究的重点是价值的产生和创造。本书从价值创造的视角研究设计决策如何对设计的价值进行架构和重构，为设计决策研究和决策理论研究提供了新的视角。本书基于利益相关者研究思想，对产品设计决策的主体构成进行了细致的研究和识别，并对每类角色的利益诉求和决策力进行了详细的分析，提出具有方法论意义的框架和模型，提高了设计决策研究的可信性，为设计决策研究提供新的理论框架。

从实践的角度来看，不当的产品设计决策会在生产阶段导致大量的产品缺陷，造成不可逆的损失。因此，有效的产品设计在很大程度上取决于有效的决策。本书基于对设计项目中决策实践的观察和分析，以及实证研究的结果，提出了基于设计决策优化的设计迭代策略，以及设计决策架构和重构设计价值的具体方法，对产品设计实践而言相当有意义。

三、关键术语

产品设计决策是本书主要的研究对象，书中大部分的语言、术语和语境都属于产品设计决策的特定范畴。本书中出现的关键术语的定义如下所示。

第一，价值构架。"构架（frame）"一词是名词性的，是一种用于架构和重构抽象概念的组织结构。价值构架是一种创造价值的具体形式，是在价值创造方式和价值之间架构和重构的迭代过程，其研究的逻辑是在价值创造方式和价值之间生成某种关联。

第二，设计价值。设计价值是设计对象（本书特指决策对象）所承载的全部的意义。设计价值的范畴和边界非常广泛，既包括一切产品本身的价值，还包括通过产品所表达的对人、生态和未来的思考，如伦理、可持续发展等。本书基于工业产品的特殊性，所讨论的设计价值的范围包括：满足文化背景和个体需求的社会价值，满足大规模制造要求的技术价值以及满足商业交换条件的商业价值。

第三，决策主体。决策主体主要是指设计决策的执行者，是对设计决策产生影响或发挥作用的特定角色。在设计的群体创新活动中，设计决策的主体角色有不同的领域背景，必须探索和整合他们的专业知识，共同探讨、互相协作才能创造出具有创新性和竞争力的产品，并降低设计和开发成本。本书对产品设计决策中的决策主体进行了界定和识别，根据参与方式和参与度确定了六类利益相关者角色作为产品设计决策的主体。

第四，决策对象。决策对象是指设计决策中被评价和筛选的对象，本书中指的是产品设计方案。决策对象是设计价值的载体和表征，其内部属性包括两类信息：一类是显性的造型特征，一般是指以二维或三维图像或模型等物理形态为呈现方式的设计方案实体；另一类是隐性的价值属性，体现了设计的价值和意义。

第五，利益诉求。产品设计决策的利益诉求是指决策主体基于自身角色特点，在产品设计的语境下对决策对象产生的价值预期，是决策主体希望获得的利益回报，是设计价值产生的动力。

第六，决策力。产品设计决策的决策力是决策主体在设计决策中的影响力，是决策行为方式的具体表现形式，表现为决策主体推动产品设计方案迭代的方式和手段，是实现设计价值的方式。设计决策中的概念语义是决策力的外在表征。

第四节 研究方法及内容组织

一、研究方法

从设计方法论方面来看，在工程领域，倾向于将设计过程视为技术过程，作为对纯技术问题合理化方面的一系列活动；在产品设计和软件设计领域，一贯的研究把注意力集中在认知过程上，即注意个别设计师的认知技巧和局限性。更多的研究表明，设计活动也是一个社会过程，它指出设计师如何与其他人（例如客户或专业同事）互动，并观察影响团队合作活动的社会互动[①]。设计的社会过程与设计的技术和认知过程会显著地相互作用。设计决策既是技术过程，也是认知过程以及社会过程，要将决策过程作为涵盖这三个方

① Cross N, Cross A C. Observations of Teamwork and Social Processes in Design [J]. Design Studies, 1995(2): 143-170.

面的整体来研究。设计是结合了科学与艺术的学科，方法论体系包括哲学方法论维度和科学方法论维度[①]。对科学的研究是客观且理性的，而对艺术的研究则是主观且感性的。因此设计的研究方法既包含科学的实验性研究，也包含艺术的描述性研究。本书从理论研究和实证研究两个方面对研究方法进行阐述。

在理论研究部分，本书主要采用了文献研究的方法。通过对设计学领域、经济学领域、管理学领域、心理学领域国内外文献的阅读和对比，总结了不同学科对决策问题研究的共性和侧重，为本书的研究提供了理论支持，并构建了本书研究的总体框架。

在实证研究部分，本书采用了量化研究与质性研究相结合的方法。在关于决策对象的研究中，采用特征分析法、实地调研法、专家判断法、参与式观察法等，以两轮摩托车产品为例对设计价值属性进行了详细研究。在关于决策主体的研究中，采用了问卷调查法对决策主体进行界定和识别。在关于利益诉求的研究中，采用访谈法、问卷调查法、回归分析法、聚类分析法对决策主体的利益诉求进行了定义和测量。在关于决策力的研究中，采用案例分析法、口语分析法对决策过程中的决策语料进行整理、分析，以语义为表征对决策力进行系统、深入的研究。在关于决策价值偏好的研究中，采用实验法、口语分析法对决策主体的价值偏好进行分析。以上方法为本书的理论建构提供了较为完整的实证支撑。

二、内容组织

本书的研究逻辑主线如图 1.4 所示，主要分为四个阶段。

---

① 杨玉成．拉卡托斯的“研究纲领”和经济学方法论［J］．自然辩证法研究，2003（2）：28-31，62.

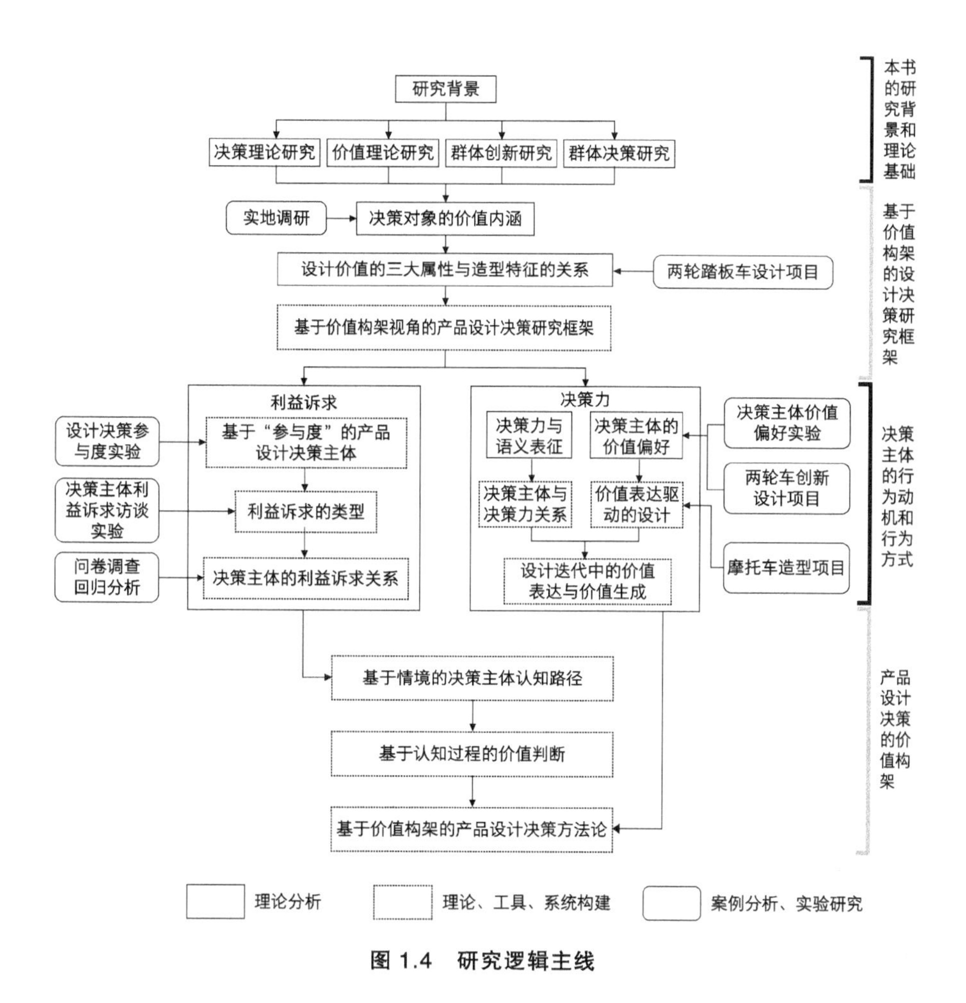

图 1.4　研究逻辑主线

第一，本书的研究背景和理论基础部分为本书提供了理论支撑，介绍了本书的研究背景、理论基础、研究问题和研究方法。其中，文献综述部分主要涉及决策理论研究、价值理论研究、群体创新研究、群体决策研究。

第二，产品设计决策的研究框架。提出产品设计决策是一种价值构架，在产品设计价值属性研究的基础上建立了本书的研究框架，即产品设计决策行为关系，确立了后续的研究范围与研究重点。

第三，用两章分别对产品设计决策的行为动机（利益诉求）和行为方式（决策力）进行了深入的研究。

第四，产品设计决策的价值构架。在上述研究的基础上，基于认知路径和价值判断提出了基于价值构架的产品设计决策方法论。

基于研究逻辑主线组织结构，本书共分为六章，各章的具体内容如下。

第一章，绪论。主要内容包括研究背景、文献综述、研究意义与关键术语、研究方法及内容组织四部分。本书以产品设计决策为研究对象。本章通过对决策理论、价值理论、群体创新和群体决策的研究，提出了研究问题，阐明了研究意义，定义了关键术语，最后阐明了本书的研究方法及内容组织结构。

第二章，基于价值构架的设计决策研究框架。主要内容包括：设计价值与设计决策，决策对象的价值内涵，基于价值构架的产品设计决策研究框架。通过理论分析，表明产品设计决策是一种价值构架；通过调研分析对产品设计的价值属性进行细致分析；通过案例研究、参与式观察，在主客体关系的基础上提出了基于价值构架的设计决策研究框架，为本书提供了研究范围和研究重点。

第三章，产品设计决策主体及其利益诉求。主要内容有：产品设计的决策主体，决策动机与利益诉求，利益诉求的定性及定量研究。通过文献研究和实验研究识别了作为决策主体的六类利益相关者角色；对利益的概念和利益诉求的内涵进行分析，提出利益诉求是设计决策的行为动机；通过访谈实验和实证研究对利益诉求进行定性与定量研究，并对六类决策主体的利益诉求进行了测度。

第四章，产品设计决策力与设计价值生成。主要内容有：决策力与决策语义，决策主体与决策力的关系，基于角色的决策价值偏好与设计价值生成。通过案例分析表明了决策语义是决策力的外在表征，分析了决策力对设计迭代的作用；通过实验研究分析了决策主体的价值偏好；通过案例研究分析了设计迭代中的设计价值表达和设计价值生成。

第五章，产品设计决策的价值构架。主要内容有：设计决策主体的认知路径，设计决策主体的价值判断，基于价值构架的产品设计决策方法论。此外，本章还提出了基于价值构架的产品设计决策方法论框架及其应用拓展。

第六章，从四个方面总结了本书的理论成果和创新之处，并提出了研究的不足之处以及对未来研究的展望。

第二章　基于价值构架的设计决策研究框架

第一节　概述

本章研究拟解决本书的第一个学术问题：如何在价值创造的视角下构建产品设计决策的研究框架？

以西蒙的决策概念为依据进行分析，设计决策是一个决策系统，即由决策主体与决策对象两个要素组成的复杂系统[①]（见图 2.1）。复杂系统不存在中央控制，而是通过一定的规则产生复杂的主体行为。在产品设计过程中，任何相关因素的变动都可能使设计结果发生变动，有时甚至会导致整个设计系统的改变[②]。

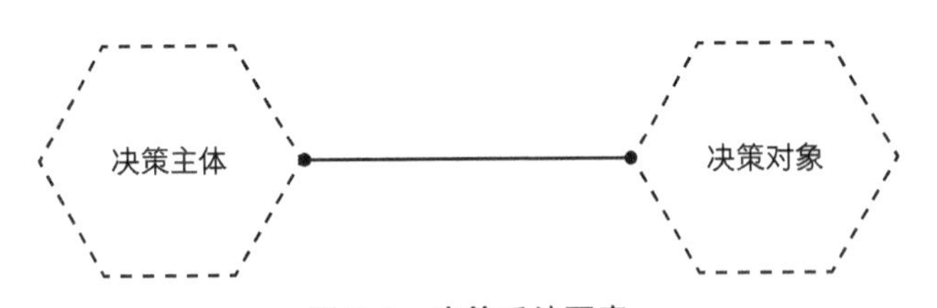

图 2.1　决策系统要素

① 王玉民，颜基义，潘建均，等．决策实施程序的研究［J］．中国软科学，2018(8)：125-136.

② 盛亚，尹宝兴．复杂产品系统创新的利益相关者作用机理：ERP 为例［J］．科学学研究，2009(1)：154-160.

陶志富提出了基于决策主体和属性信息关系的多属性群决策模型[①]（见图 2.2）。e_n（$n=1,2,\cdots,L$）为决策主体，L 为主体数量，$attr_m$（$m=1,2,\cdots,N$）表示决策属性，N 为属性数量。一般来说，决策主体与决策属性信息之间相互关联。

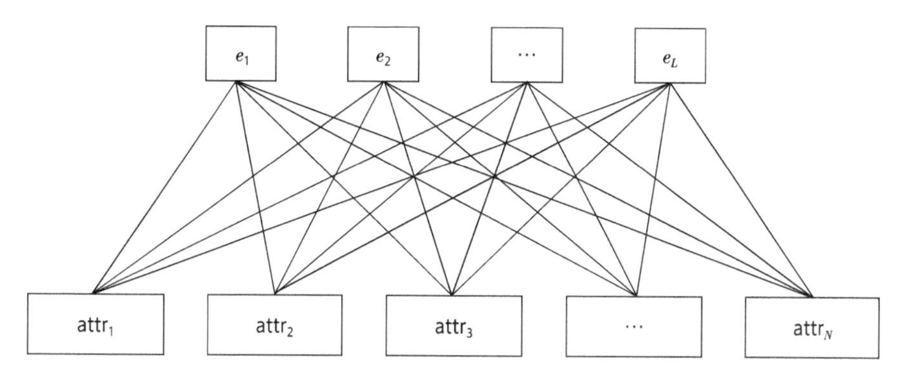

图 2.2　决策主体与决策属性信息之间的关系

资料来源：陶志富．语言型广义多属性群决策模型及其应用［D］．合肥：安徽大学，2015.

李立新从哲学的视角对设计价值本体、设计史等问题进行了深入的剖析，并对设计价值的研究范畴进行了界定，认为设计价值是价值主体和价值客体间产生的一种效应[②]，可以认为在产品设计决策中，决策主体行为和行为关系的变动会使决策对象的价值内涵发生大规模的变动，从而导致完全不同的决策结果。

本书以决策系统要素为研究前提，在主客体及其关系上建立价值创造视角下的产品设计决策的研究框架。首先通过理论分析，论证将设计决策作为一种价值构架进行研究的合理性和可行性；其次通过文献研究和案例分析探讨决策对象的价值内涵；最后在参与式观察研究的结论上，建立了基于价值构架的设计决策研究框架。

---

① 陶志富．语言型广义多属性群决策模型及其应用［D］．合肥：安徽大学，2015.
② 李立新．设计价值论［M］．北京：建筑工业出版社，2011.

本章采用实地调研、案例研究、参与式观察等方法进行研究，以保证研究的科学性和真实性。主要调研项目和设计项目如下。

第一，以各大摩托车生产企业的产品目录等实物资料及文献资料为素材，结合笔者本人在米兰国际摩托车展会、中国国际摩托车博览会、中国进出口商品交易会等的实地调研内容，对决策对象的价值属性和造型特征进行分析研究。

第二，以两轮踏板车设计项目为实际案例，采用参与式观察的方法研究了决策主体的决策意见对决策对象的实际影响，以及设计决策中决策对象的造型特征和价值属性的变化情况。

第二节　设计价值与设计决策

设计价值是设计对象承载的全部意义，是生态价值、社会价值和个人价值的统一体现。Ulaga 认为，设计的价值具有五个层次：功能性、可靠性、实用性、精通性和创造性[①]。其中创造性是设计的最高层次，也就是设计的最高价值。价值导向和价值创造是设计活动的生命。设计决策作为促进设计收敛、推动设计迭代、管理设计流程的重要活动，在筛选设计方案的同时也意味着创造新的设计价值。因此，产品设计决策作为一种价值构架，是对设计价值的架构和重构。本节通过理论分析，明确价值构架和设计决策的概念，论证将设计决策作为一种价值构架进行研究的合理性。

一、设计价值创造和设计价值构架

设计是将知识、信息、技术等转变为现实生产力、社会财富等

① Ulaga W. Customer Value in Business Markets an Agenda for Inquiry [J]. Industrial Marketing Management, 2001(30): 315-319.

的创新创造过程[1]。在这个过程中，不仅可以设计出新的产品，也可以构建新的生活方式，创造新的技术和工艺，甚至可以创造新的管理方式、盈利模式，进而打造新的业态。设计（所有商业活动的重要结果，包括人工制品、服务、环境等）可以或应该体现价值的信念是根深蒂固的——不仅可以通过产品和流程的设计来创造或增加经济价值，而且可以通过有益的方式为个人、社会和文化赋予进一步的价值——这是设计实践的基石，也是设计师的信仰[2]。

所谓价值创造，所表明的是一种价值变量，即价值增量上的变化。赫斯科特在《设计与价值创造》一书中从经济理论的角度审视设计，并从设计的视角来检视经济理论和商业实践。一方面，从理论层面探索设计与价值创造之间的关系；另一方面，从实践的立场提出设计在价值创造过程中必要的结构性位置[3]。丹麦设计中心提出了用于测度设计与价值创造的设计阶梯模型：第一阶段是作为比较基准的“零价值”，第二阶段设计为新产品添加了美学风格，第三阶段设计融入了新产品的开发流程，第四阶段设计成为企业的战略目标组成部分[4]。

从以上研究可以看出，设计价值的创造和实现就是设计的最高标准，设计的根本目的是创造出合理的设计价值，而设计研究是驱动设计价值体系变革的力量。

Schön 和 Desanctis 在反思与实践框架中提出了构架的概念。“构架”一词是名词性的，是一种用于架构和重构抽象概念的组织结构[5]。多斯特在此基础上通过科学研究与设计研究的对比提出了把设

---

① 路甬祥. 论创新设计［M］. 北京：中国科学技术出版社，2018.

② Gordon R. Designer's Trade［M］. London: George Allen & Unwin, 1968.

③ 赫斯科特. 设计与价值创造［M］. 尹航，张黎，译. 南京：江苏凤凰美术出版社，2018.

④ 奥格雷迪，奥格雷迪. 设计，该怎么卖？［M］. 武汉：华中科技大学出版社，2015.

⑤ Schön D A, Desanctis V. The Reflective Practitioner: How Professionals Think in Action［C］// Proceedings of the IEEE, 2005.

计作为价值构架的具体形式——多斯特模型。

在科学研究的形式中，遵循“对象”加“方式”可以产生可观测的“结果”的逻辑（见图 2.3）。在演绎法中，当明确了事物并且知道它们的运作机制时，便可以预测结果；在归纳法中，当明确了事物的含义，并且可以观察到结果时，亦可以反推产生结果的方式或工作原理。科学方法的研究逻辑有着共同的探究条件，即研究对象本身是不以人的意志为转移的客观存在。

对象（WHAT） + **方式**（HOW）　产生　**结果**（RESULT）

（客观事物）　（运行原理）　（可观测）

图 2.3　科学研究的形式

资料来源：Dorst K. The Core of Design Thinking and Its Application [J]. Design Studies, 2011(6): 521-532.

在设计研究的形式中，研究对象不仅有客观存在的事物，还有人与物的关系。研究的结果不是事实的陈述，而是期望获得的某种价值（见图 2.4）。设计研究有两种挑战：第一种，缺少研究的对象，但知道期待获得的价值以及创造价值的方式，通过这两点可以定义设计问题空间和潜在的解空间。第二种情形则更为复杂，只知道想要获得的最终的价值，对于想要获得的对象以及创造价值的方式都是不确定的。这意味着必须并行创建对象和方式。两者的共同特点是其中的对象并不是客观存在的常量，而是未知的变量。设计的逻辑就是在价值创造方式和价值之间生成一个构架。因此，价值构架就是一种创造价值的具体形式。

??? + 方式（HOW） 产生 **价值**（RESULT）

??? + ??? 产生 **价值**（RESULT）

对象（WHAT） **+ 方式**（HOW） 产生 **价值**（RESULT）

—— **构架（FRAME）** ——

图 2.4 设计研究的形式

资料来源：Dorst K. The Core of Design Thinking and Its Application [J]. Design Studies, 2011(6): 521-532.

二、设计求解、设计迭代、设计流程与设计决策

产品设计的实践和研究文献中并没有针对产品设计决策这一概念做出清晰和统一的解释[①]，针对产品设计相关的决策有多种认识。Simon 认为，设计就是选择需要关注的议题，设定目标，设计可行的方案，然后对多个方案进行评估和选择[②]。前三个步骤是解决问题，最后一步就是决策。Badke 和 Gehrlicher 认为，设计决策的过程就是完整的问题解决过程，包括澄清目标、搜寻方案、分析方案、评价方案等[③]。Mezher 等将设计决策定义为形成多种备选方案并从中做出选择的过程[④]。我们可以认为，产品设计过程由大量的设计决策驱动，产品设计决策对于产品设计的最终成功具有重要作用。Herrmann 和 Schmidt 认为：如果一项设计任务表达得非常明确

① 王克勤，同淑荣. 产品设计决策的内涵及分类研究［J］. 制造业自动化，2008(5): 5-7，59.

② Simon A H. Decision Making and Problem Solving [R]. Report of the Research Briefing Panel on Decision Making and Problem Solving. Washington: National Academy Press, 1986.

③ Badke S P, Gehrlicher A. Patterns of Decisions in Design: Leaps, Loops, Cycles, Sequences and Meta-Process [C]// DS 31: Proceedings of ICED 03, the 14th International Conference on Engineering Design, 2003.

④ Mezher T, Abdul-Malak M A, Maarouf B. Embedding Critics in Decision-Making Environments to Reduce Human Errors [J]. Knowledge Based Systems, 1998(34): 229-237.

和清晰，那么设计决策就可以用公式、数字化的方法筛选设计方案；如果设计任务描述不清楚，设计决策就很难用数学方法解决设计问题，进而成为一系列启发式的过程，这种启发式过程会不断提出和评估解决方案，直到找到一个满意方案[①]。产品设计是一个典型的病态问题，问题的初始状态（造型设计的要求）、问题的目标状态（产品设计的结果）以及问题的操作方式（设计的规则）都不明确[②]。因此，产品设计决策是具有前瞻性的，不仅是对当前“是什么”的判定，还需要从长远角度来考虑“可能是什么”的答案[③]。本书从设计求解、设计迭代和设计流程三个方面对设计决策的性质、过程和机制进行讨论。

首先，设计决策可以理解为设计求解的决策问题，是设计思维的研究范畴（见图 2.5）。

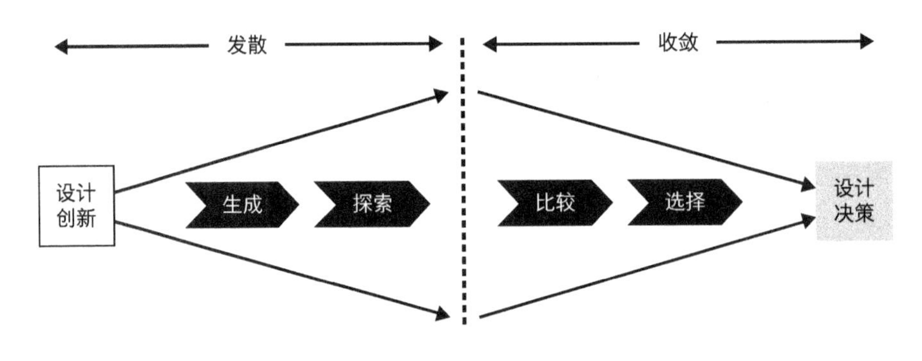

图 2.5　设计求解中的决策模式

---

① Herrmann J W, Schmidt L C. Viewing Product Development as Adecision Production System [C]// ASME 2002 International Design Engineering Technical Conferences and Computers and Information in Engineering Conference, 2002.

② Dong A, Lovallo D, Mounarath R. The Effect of Abductive Reasoning on Concept Selection Decisions [J]. Design Studies, 2015(37): 37-58.

③ 谭浩，赵江洪，王巍．产品造型设计思维模型与应用 [J]. 机械工程学报，2006(5): 98-102.

余隋怀认为，设计思维是一种以人为本的解决问题的创新方法论，可分为定义问题与解决问题两个阶段[①]，包括生成、探索、比较和选择四个基本行为操作[②]。生成和探索是设计创新行为的主要构成，探索设计主题并生成设计概念。产品造型设计具有高不确定性、高复杂性[③]，设计并非只有一个最优解，探索和生成的过程中存在多个并行路径，每个路径代表一组特定的解决问题的方法。这意味着设计创新行为是一个发散的过程，扩大了设计概念的空间。比较和选择是设计决策行为的主要构成，旨在对解决方案进行评价和筛选，以获得满意解。因为这种满意解通常是一个群体利益的平衡和突破的过程，所以设计求解也是一个群体创新活动。Cross 认为，整个设计求解的过程是逐渐趋同的，即在设计求解的过程中，设计问题越来越明确，设计方向越来越清晰[④]，这也与渐进决策理论的观点相吻合。有学者认为，在进行设计评估之后，造型方案的数量逐渐减少且呈现出范围一致的态势，这意味着设计决策是一个收敛的过程，缩小了设计概念空间。大多数设计求解模型都由设计创新与设计决策共同构成[⑤]。设计求解既是在生成和探索中不断寻找、搜索构思备选方案的发散过程，又是在比较和选择中反复评价、挑选备选方案的收敛过程。旨在创造的设计创新行为与旨在筛选的设计决策行为结合起来便是获得解决方案的连续过程。因此，设计决策就是乔布斯所说的那种情况，最重要的决定不是你要做什么，而是你决定不

---

① 余隋怀 . 设计教育要系统化植入定义与解决问题的框架 [J]. 设计，2019(18): 69-71.

② Stempfle J, Badke-Schaub P. Thinking in Design Teams – an Analysis of Team Communication [J]. Design Studies, 2002(5): 473-496.

③ 赵江洪 . 设计和设计方法研究四十年 [J]. 装饰，2009(9): 44-47.

④ Cross N. Engineering Design Methods – Strategies for Product Design [M]. Chichester: John Wiley & Sons, 1994.

⑤ Roozenburg N F M, Cross N G. Models of the Design Process: Integrating Across the Disciplines [J]. Design Studies, 1991(4): 215-220.

做什么。设计决策收敛的本质就是所谓的决定不做什么。

其次，设计决策可以理解为协同进化的决策问题，是设计迭代的研究范畴（见图 2.6）。设计是以目标驱动的解决问题的活动，起始于设计问题，即设计目标的描述，终止于设计解的完整诠释。设计问题与设计解是设计主体进行认知及问题求解活动的重要媒介①。设计问题的集合被称为问题空间，设计解的集合被称为解空间。Maher 和 Poon 最早提出协同进化的理念，认为创造性的设计理念可以看作是设计问题和解决方案的迭代演变②。设计在问题空间和解空间之间周期性振荡，直至问题空间与解空间之间实现最佳契合度，即问题空间与解空间重叠③。设计迭代的主要目标是决定如何继续前一阶段产生的每个想法。因此，设计迭代中的决策思想是：一方面，通过对设计解进行评价、筛选来修正问题空间；另一方面，通过对新问题空间的重用，使设计解渐趋完善，从而实现基于决策优化的设计迭代过程。设计决策通过在问题空间和解空间之间的振荡，作用于对问题空间的重用和对解空间的修正。理想状态下，设计决策推动设计迭代，使设计解逐渐达到设计目标的要求。

---

① Teeravarunyou S, Sato K. Object-Mediated User Knowledge Elicitation Method a Methodology in Understanding User Knowledge [C]// Proceedings of the Korea Society of Design Studies Conference, 2001.

② Maher M L, Poon J. Modelling Design Exploration as Co-Evolution [J]. Microcomputers in Civil Engineering, 1996(3): 193-207.

③ Dorst K, Cross N. Creativity in the Design Process: Co-Evolution of Problem-Solution [J]. Design Studies, 2001(5): 425-437.

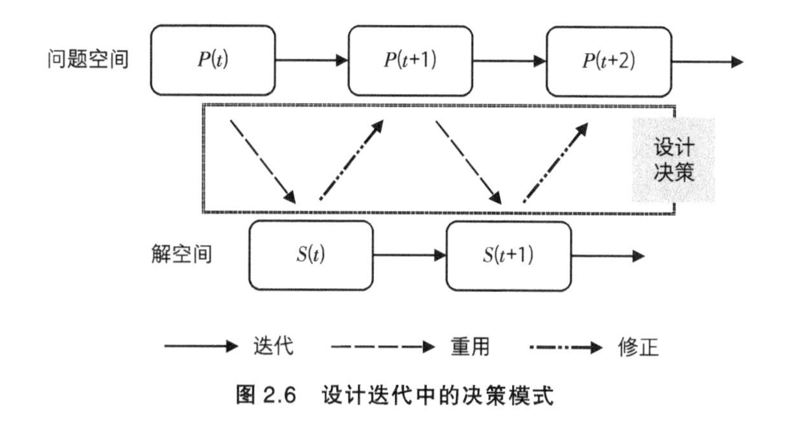

图 2.6　设计迭代中的决策模式

最后，设计决策可以理解为设计节点的决策问题，是设计流程的研究范畴，主要研究设计决策对设计流程的管理干预（见图 2.7）。设计流程是对产品造型设计活动的记录，是一个分阶段和按程序完成的组织化的过程[①]。设计流程从基本时序关系上揭示了设计活动的结构，包括设计阶段和设计解的具体内容与形式（设计任务书、二维设计、三维设计、功能性模型等）。Baxter 提出了决策管理漏斗理论，认为在新产品开发流程的关键节点上存在对应的决策项，通过对相应的设计解的内容进行决策，以减少设计开发的风险[②]。设计流程中的每一个设计节点都存在设计决策[③]。Tovey 提出，汽车造型设计流程中有九个管理干预点，相关责任人在每个管理干预点上对设计进行评判，做出是否继续进行设计的决定[④]。产品设计流程可划分为目标制定、概念设计、工程设计三个阶段，每个阶段

① 赵江洪．设计艺术的含义［M］．长沙：湖南大学出版社，2005.

② Baxter M. Product Design: Practical Methods for the Systematic Development of New Products［M］. Boca Raton: CRC Press, 1995.

③ Cagan J, Vogel C M. Creating Breakthrough Products: Innovation from Product Planning to Program Approval［M］. New York: FT Press, 2001.

④ Tovey M. Intuitive and Objective Processes in Automotive Design［J］. Design Studies, 1992(1): 23-41.

都具有一个决策节点。设计流程中的决策问题可归纳为：设计决策既是设计节点的终点，又是它的起点，针对该阶段设计解的具体内容进行设计决策，决策的结果决定了是重复当前阶段还是进入下一阶段或是结束设计进程，从而对设计流程进行管理。

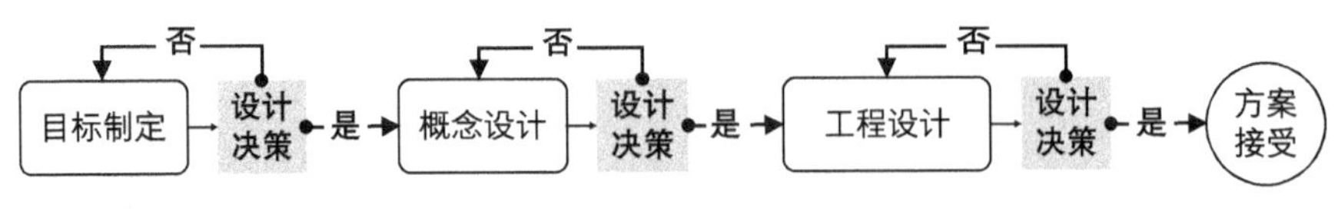

图 2.7　设计流程中的决策模式

综上所述：一方面，设计决策不仅是对设计方案的简单判断，还促进了设计概念的收敛、推动了设计方案的迭代、管理了设计流程的进度，因此可以认为设计的过程就是决策的过程。另一方面，设计决策既要过滤掉有风险的不良设计，还要寻求不良设计的替代方案，即在比较和选择的过程中实现设计的收敛，以及对问题空间的重用和对解空间的修正。这也是对“设计重要的是决定不做什么”观点的进一步论证。从创造价值的意义上说，设计决策是一个价值构架，设计决策的目的就是生产价值和创造价值。将设计决策作为一种价值构架进行研究是合理、可行且必要的。关于设计决策的研究要体现出其对价值创造的作用，也就是作为价值构架的意义。

第三节　决策对象的价值内涵——以两轮摩托车为例

从创造价值的意义上说，设计决策是一个价值构架，是对设计价值的架构和重构。其中，决策对象的内部属性是价值表达的问题。决策对象是指设计决策中被评价和筛选的对象。在设计决策领域，决策对象承载着产品所能提供的全部意义，具有复杂的价值内涵。

在面向不同的对象或处于不同的场合时，产品的意义具有较大差异。在制造过程中，产品体现的是技术水平和加工工艺；在商品流通过程中，产品反映的是社会观念和商业价值；在消费场景中，产品传递的是功能信息、审美信息和社会信息[①]。生产制造、商业流通、消费场景与产品设计价值的关系也是产品设计决策研究的焦点和关键科学问题。因此，决策对象的价值内涵是设计价值表达的问题。

本书所讨论的决策对象是指产品的设计方案，即设计迭代过程中的设计方案。设计方案一般以二维图像或三维模型等物理形态为呈现方式，是一种造型实体对象。然而，在设计决策中，纯粹的物理形态或者造型是无法直接作为决策对象的，只有被赋予一定的价值内涵，它才有被评判的决策意义。设计方案内部具有两类基本信息：一类是价值属性信息，隐藏在产品形态中，具有一定程度的隐性；另一类是造型特征信息，是由产品形象直接说明的理性信息系统，能够传达出设计意图和创作理念，具有一定程度的显性[②]。本书将从决策对象的价值属性和造型特征两方面对决策对象的价值内涵进行剖析，并在此基础上分析产品设计决策中的价值表达。

本节研究以两轮摩托车产品为代表的交通工具，主要原因如下：第一，交通工具类产品既具有自然科学属性，又具有人文科学属性，是典型的具有高技术性和高情感性的工业产品[③]；第二，摩托车产品造型多样、结构复杂、零部件数量多、产业链长、用户群大，具有多变的造型特征、多维的价值属性和多样的价值内涵；第三，摩托车产品研发周期长，产业链的结构复杂，涉及的价值范围较广。因此，对以摩托车为代表的交通工具产品进行研究，能够全面且充分地反映产品设计的价值内涵。

---

① 赵江洪．设计艺术的含义［M］．长沙：湖南大学出版社，2005.
② 郗建业，李成．论产品造型设计中的最小信息单位［J］．包装工程，2006(7)：59-63.
③ 赵丹华．汽车造型的设计意图和认知解释［D］．长沙：湖南大学，2013.

本节所涉及的研究资料主要来源于各大摩托车生产企业的产品目录以及笔者在米兰国际摩托车展会、中国国际摩托车博览会、中国进出口商品交易会等的实地调研。

一、决策对象的价值属性

属性是事物的性质与事物之间关系的统称。本书讨论的价值属性是指决策对象（产品设计方案）所具有的设计价值与价值关系。决策对象是对设计价值的表达，对设计方案（决策对象）的任何决策判断其实是一种对其所蕴含的设计价值的判断，概念上超出了纯粹造型评价的定义。产品设计决策对象的价值属性不仅体现了决策对象自身的客观价值，还包括源自不同领域的不同群体的需求，涵盖了美学价值、功能价值、使用价值、经济价值、环境价值、社会文化价值等多重方面。然而，这种对价值属性的描述是基于对产品感性和直观的认识，因此是一种笼统的描述。既然设计决策的重点是对设计价值的架构和重构，那么必然需要对决策对象的价值属性进行更科学的研究，使其具有可判断性。Shocker 和 Srinivasan 提出，设计方案的价值属性是对设计价值的呈现，可以通过创建产品价值属性量表的方法对每个具体的价值属性进行评价，最终形成综合的判断[①]。有相当数量的研究从不同方面构建产品价值属性量表。Woodruff 依据对产品内在属性、外在属性和本质属性的认识构建了产品属性量表[②]；Malhotra 建立了针对品牌印象的产品属性量表[③]；

---

① Shocker A D, Srinivasan V. Multiattribute Approaches for Product Concept Evaluation and Generation: A Critical Review [J]. Journal of Marketing Research, 1979(2): 159-180.

② Woodruff R B. Customer Value: The Next Source for Competitive Advantage [J]. Journal of the Academy of Marketing Science, 1997(2): 139.

③ Malhotra N K. Self Concept and Product Choice: An Integrated Perspective [J]. Journal of Economic Psychology, 1988(1): 1-28.

Mugge等针对产品的个性表现建立了产品属性量表[①]。每个量表都是针对特定的研究目的而建立的，因此研究人员根据研究内容制定自己的研究工具是必不可少的[②]。本节试图设计一种全面、可靠、易用的属性量表，为本书后续研究提供基础，一方面全面表达产品设计的价值属性，另一方面为设计决策提供一种决策标签，便于对决策语料进行识别和分类，同时为研究提供定性和定量的研究基础。

在制定量表时，要遵循以下原则：第一，量表要尽可能全面反映产品设计的全部价值内涵；第二，量表中的每一项指标都应具有唯一性，指标之间不能出现指代、重复或混淆的情况；第三，为了实践需要，量表必须具有可衡量、可判断的特点，各项指标均要能够被采集和评价。由于价值属性量表是对客观事实的抽象描述，因此应当符合产品设计的客观实际。量表设计采用了以下步骤，以确保最终的属性集合全面且具有代表性。

（一）收集大量的价值属性描述信息

在大量文献研究的基础上对决策对象的价值属性进行描述。Hofstee[③]、Malhotra[④]、Aaker[⑤]、Norman 和 Warren[⑥] 等从设计文

---

① Mugge R, Govers P C M, Schoormans J P L. The Development and Testing of a Product Personality Scale [J]. Design Studies, 2009(3): 287-302.

② Kassarjian H H. Personality and Consumer Behavior: A Review [J]. Journal of Marketing Research, 1971(4): 409-418.

③ Hofstee W K B. The Use of Everyday Personality Language for Scientific Purposes [J]. European Journal of Personality, 2010(2): 77-88.

④ Malhotra N K. A Scale to Measure Self-Concepts, Person Concepts, and Product Concepts [J]. Journal of Marketing Research, 1981(4): 456-464.

⑤ Aaker J L. Dimensions of Brand Personality [J]. Journal of Marketing Research, 1997(3): 347-356.

⑥ Norman D, Warren T. Toward an Adequate Taxonomy of Personality Attributes: Replicated Factors Structure in Peer Nomination Personality Ratings [J]. Journal of Abnormal & Social Psychology, 1963(6): 574-575.

学、象征性、可持续发展、市场营销、功利主义、设计人格、品牌等方面对产品属性进行了描述。通过对上述文献进行整理，获得了46个属性标签。除此之外，与摩托车制造企业、设计公司的高层管理者和相关专家进行交流，收集对产品价值属性的描述，共收集了37个属性标签。全部83个属性标签都用短语表达，囊括了决策对象价值属性的全部范围，将其作为决策对象价值属性量表集的候选者。

（二）定义价值属性量表

为保证量表的合理性、可操作性，需要对属性描述信息进行归纳和分类，将属性描述信息减少到一个可以管理、利于判断的数目。研究采用专家判断的方法进行。选取三名工业设计专业交通工具设计方向的博士研究生和两名在产品设计领域具有多年实践经验以及研究基础的专家组成研究工作坊，对83条属性描述信息进行筛选。首先，对有明显相似性的属性描述信息进行合并分组，只保留最能代表该组的一个属性标签。例如，将“文化符号”“文化含义”“文化内涵”等标签分为一组，选择“文化内涵”作为代表，删除其余两个。其次，将具有交叉关系的属性标签融合，形成新的属性标签。例如，“制造成本”“研发成本”两者都是对产品的成本的描述，因此可以使用“成本”标签取代以上两项。最终定义产品设计决策对象的价值属性量表是由十个属性标签构成的属性集合（见表2.1）。

表2.1　决策对象价值属性量表

价值属性	属性解释
审美风格	产品的语义性表征，是一种关于美的抽象性概念[①]
情感意义	产品传递的情感象征含义，主要反映了身份认同、消费心理等情感要求与情感体验

① Xenakis I, Arnellos A. The Relation between Interaction Aesthetics and Affordances [J]. Design Studies, 2013(1): 57-73.

续表

价值属性	属性解释
文化内涵	具有某种特殊内涵或者特殊意义的标示，包括对伦理、社会多元文化的体现
结构布局	组成产品实体的各零件之间的位置、装配与构成
生产工艺	利用生产工具和设备对材料进行加工、处理，使之成为成品的工作、方法和技术
操作方式	产品与人的交互关系，包括产品硬件数据与人的身体数据之间的适应性
使用功能	能够满足用户使用需求的产品性能
成本	产品设计及制造中的货币资源投入
价格	商品交换的衡量依据
品牌	用户对产品的认知符号，是能够带来溢价、产生增值的一种无形的资产

价值属性量表表明，决策对象的价值属性是一个多维度的问题，主要研究途径也是从不同维度对设计价值进行定义和表述的。Kyffin和Gardien从沟通价值、发展价值和象征价值三个维度对产品的价值属性进行描述[①]。Lewalski提出产品的价值属性分为美学层次、功能层次与意义层次三个维度[②]。Heldt等认为产品的价值能构建具有竞争力的企业形象，可以从商业生态和社会环境两个维度对其进行讨论[③]。

综合以上观点，将属性标签归纳为不同的价值维度。量表中的十个属性标签表明了三种不同类别的设计价值，“审美风格”“情感意义”“文化内涵”反映了产品的社会价值，“结构布局”“生产工艺”“操作方式”“使用功能”反映了产品的技术价值，“成本”“价格”“品牌”反映了产品的商业价值。因此，研究将量表中的十个

① Kyffin S, Gardien P. Navigating the Innovation Matrix: An Approach to Design-Led Innovation [J]. International Journal of Design, 2009(1): 57-69.

② Lewalski Z M. Product Esthetics: An Interpretation for Designers [M]. Singapore: Design & Development Engineering Press, 1988.

③ Heldt R, Silveira C S, Luce F B. Predicting Customer Value Per Product: From RFM to RFM/P [J]. Journal of Business Research, 2021(1): 444-453.

属性标签分为社会价值属性、技术价值属性、商业价值属性三个综合价值维度，作为本书研究的产品设计决策问题中设计价值的边界，具体分析三个维度的价值属性在设计决策中的意义。

1. 社会价值维度

从宏观角度来看，社会价值属性是指特定的社会环境与文化背景对产品的整体定位。首先，摩托车产品的社会价值内涵体现在其所承载的社会发展背景上，能够真实地反映当前的社会现状，也反映了当前的社会伦理与多元文化。例如，摩托车与汽车相比是更为廉价的交通工具，且油耗较低，较为典型的是东南亚地区庞大的摩托车数量，如图 2.8（a）所示。其次，社会文化背景也是摩托车社会价值属性的重要体现。与汽车等交通工具相比，摩托车更具运动性和冒险性，在一定的社会文化背景下被赋予特殊的价值内涵。哈雷摩托车是其中的典型案例：在美国嬉皮士文化流行的背景下，穿皮衣、骑哈雷摩托车成为嬉皮士的经典形象，哈雷也不再仅仅代表摩托车，还代表了一种自由、个性、特立独行的生活方式，如图 2.8（b）所示。从微观角度来看，社会价值属性是指基于人的社会属性及心理特征对产品的具象要求，包括审美价值、情感价值等，反映了个体的身份认同与消费习惯。摩托车的审美价值是指个体在摩托车产品上获得的审美体验。摩托车产品具有多样的款式，因此呈现出的审美价值也是多样的。摩托车的情感价值是指大众通过自己对摩托车的消费行为产生的自我身份认同和社会身份认同[①]。摩托车产品的价格区间和产品定位在一定程度上定义了拥有者的身份和“圈子”。与汽车相比，摩托车是一种更为“廉价”的交通工具，而作为娱乐产品，又能给骑行者带来“刺激”的情感体验，并展现独特的个人风格。

---

① 王霞.消费主体身份认同——明星广告的符号学分析［J］.海外英语，2014(9)：262-265.

（a）泰国街头的摩托车

（b）驾驶哈雷摩托车的嬉皮士

图 2.8 社会环境与文化背景对摩托车的定位

总之，社会价值属性是一种主观的、实质的、内在的属性，一方面是对社会环境、社会伦理与多元文化的集中体现，另一方面是对用户身份认同与消费习惯的满足和引领。在设计决策中，对社会价值属性的关注既能使产品更好地适应社会环境要求，又能使产品在以用户为中心的市场中保持竞争力。

2. 技术价值维度

首先，技术价值属性讨论了与决策对象相关的技术应用与研发边界，体现了产品的技术水平，包括结构、制造、工艺等。摩托车产品的技术应用与研发边界既受到供应链的约束，又受到生产制造平台的限制（见图 2.9）。一方面，摩托车的技术价值属性反映了供应链中零部件的技术性能以及零部件之间的装配关系，体现在其装配结构上。摩托车产品由动力系统、电气系统、结构系统、操控系统四类零配件组装生产，其中 80% 以上的零部件都是由供应商提供的，供应商既基于供销关系提供零部件的配套服务，又通过提供零部件的技术参数来形成对造型设计的技术约束。另一方面，摩托车技术价值属性反映了制造平台的生产能力和技术水平。量产是衡量产品落地转化的重要指标，设计方案要真正变成市场优势，需要产品能够批量制造并稳定交付。这意味着设计方案必须能够适应当前的制造平台的生产能力和相关技术水平。其次，技术是产品设计的内生动力，它解决了产品的使用功能问题，是产品的外在意义①。技术价值属性讨论了决策对象的人机交互特性，包括功能、用途、法律、法规等。一方面，摩托车产品满足了人们对于出行及运输的需求，具有直观的人机交互特性。驾乘的物理条件、置物空间的位置大小与使用者的生活方式、个人习惯等密不可分，这些既是对人们当前需求的满足，也是对未来需求的引导。另一方面，摩托车与其他交通工具相比具有特殊的安全性要求，其性能、功能、类型等需要适应当前的道路状况、交通环境、法律法规等。

图 2.9　摩托车技术价值属性的影响因素

总之，技术价值属性是一种客观的、形式的、外在的属性。通过产品技术开发活动，将设计价值具体化为设计的研发水平和生产能力。在设计决策中对决策对象技术价值属性进行及时的评价与判断能够有效地提高设计的可行性和合理性。

3. 商业价值维度

商业利益是决策对象作为商品的直接买卖收益，现代社会追求的是以最小的成本投入获得最大的经济利益回报。一方面，这取决于成本投入，包括研发成本、生产成本和营销成本。研发成本指的是设计开发过程中的资金投入，包括模型制作、样机制作、模具开

---

① 何晓佑. 中国设计要从跟随式发展转型为先进性发展［J］. 设计，2019(24)：40-43.

发等。生产成本指构成产品的所有零部件的价格总和以及生产制造的加工费用等。营销成本主要包括广告成本、促销成本、分销成本和产品发布成本[①]，还包括运输费用、仓储费用等。另一方面，这还取决于商业回报，包括销售利润和销售数量以及由品牌带来的商业附加值。

总之，商业价值属性是实现商业利益的核心要素，面向的是市场体系中的商业交换行为，通过参与商业、企业的生产经营活动，将设计价值具体化为产品的市场价值和经济价值。在设计决策中，对决策对象商业价值属性的关注能够使产品获得更强的商业竞争力。

综上所述，决策对象的价值属性可归纳为社会价值、技术价值、商业价值三个综合价值维度，其中包含十个属性标签。社会价值维度包括“审美风格”“情感意义”“文化内涵”；技术价值维度包括“结构布局”“生产工艺”“操作方式”“使用功能”；商业价值维度包括“成本”“价格”“品牌”（见图 2.10）。价值属性可以用来描述设计价值是否能够适应社会环境、满足用户需求，是否具有可行性和合理性，以及是否能提高商业竞争力的多维表达等问题。设计决策需要从多个维度对设计价值进行全面的判断和构建。

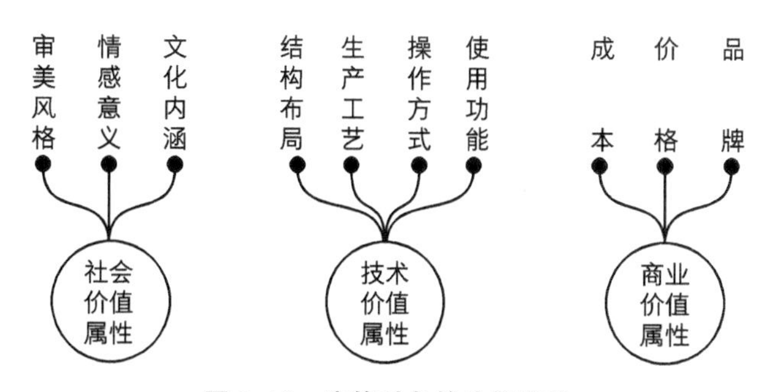

图 2.10　决策对象的价值属性

---

① Kaul A, Rao V R. Research for Product Positioning and Design Decisions: An Integrative Review [J]. International Journal of Research in Marketing, 1995(4): 293-320.

二、决策对象的造型特征

鲁晓波认为，设计是造物活动，美就是价值，是一种取之不尽、用之不竭的资源[①]。在设计决策和设计评价过程中，最重要的媒介就是视觉呈现。造型特征是设计的实体性表征[②]，是决策对象作为人造之物最直观的呈现。也就是说，对决策对象（设计方案）的任何决策判断都是基于造型特征的，只是概念上超出了纯粹造型的定义。Casillas 和 Martinez 认为，造型特征是设计价值层次化、外显化的表达载体[③]。产品造型不仅仅是造型本身，更加重要的是表现的价值。从价值创造的意义上讲，造型是呈现价值或者表达价值的途径。

造型特征是一种设计表达，包括形态、颜色、肌理、材质等。在实体产品中，造型特征直接作用于人的感知，从而使决策主体形成不同的感知体验，具有显性特征。在设计方案中，造型特征是设计表达的主要途径，以二维图像或三维模型等物理形态显性呈现。

Kaljun 和 Dolšak 认为，对造型特征进行识别的基础是产品视觉元素、技术元素、语义元素的集合[④]。个体对设计进行认知和理解时最重要的是视觉感知[⑤]。产品的造型特征可以划分为三个子类别：第一类是产品的形状元素，如大小、形状、肌理等；第二类是空间关

① 鲁晓波．鲁晓波：应变与求变 时代变革与设计学科发展思考［J］. 设计，2021(12): 56-59.

② 戴端，吴卫．产品形态设计语义与传达［M］. 北京：高等教育出版社，2010.

③ Casillas J, Martinez P. Consistent, Complete and Compact Generation of DNF-Type Fuzzy Rules by a Pittsburgh-Style Genetic Algorithm［C］// 2007 IEEE International Fuzzy Systems Conference, IEEE, 2007.

④ Kaljun J, Dolšak B. Artificial Intelligence in Aesthetic and Ergonomic Product Design Process［C］// 2011 Proceedings of the 34th International Convention MIPRO, IEEE, 2011.

⑤ 亨利．产品设计手绘：感知 · 构思 · 呈现［M］. 张婷，孙劼，译．北京：人民邮电出版社，2013.

系，如交叉性、相邻性、连接性等；第三类是构成关系，如元素的分布和排列等[①]。在关于汽车造型特征的研究中，景春晖提出，特征群的层次关系和分类是汽车造型特征组织研究的基础[②]；Catalanoc等从造型认知的角度提出汽车造型可以分解为三个层面：汽车类型特征、汽车型面特征、汽车图形特征[③]。两轮摩托车与汽车同为复杂的交通运输产品，其造型设计逻辑相似。对两轮摩托车造型的认知和理解可参照有关汽车造型的认知结构进行。体量特征包括尺寸、空间、重心姿态等；型面特征指车辆外覆盖件的曲面变化及轮廓线、装饰线等的集合；图形特征主要表现为车灯、饰件、漆面等造型细节[④]。本书从体量特征、型面特征、图形特征三个方面对两轮摩托车的造型特征进行分析（见图 2.11）。

图 2.11 摩托车产品的造型特征

① Suwa M, Purcell T, Gero J. Macroscopic Analysis of Design Processes Based on a Scheme for Coding Designers' Cognitive Actions [J]. Design Studies, 1998(4): 455-483.

② 景春晖．兼变传衍、持经达变——基于进化思想的汽车造型设计方法 [D]. 长沙：湖南大学，2015.

③ Catalanoc E, Giannini F, Monti M. Towards an Automatic Semantic Annotation of Car Aesthetics [J]. Car Aesthetics Annotation, 2005(1): 8-15.

④ Duan Z, Zhou J, Gu F. Cognitive Differences in Product Shape Evaluation between Real Settings and Virtual Reality: Case Study of Two-Wheel Electric Vehicles [J]. Virtual Reality, 2024(3): 136.

（一）摩托车的体量特征

体量是产品在空间的存在形式，体量特征是产品在空间中所占的体积大小和比例关系的物理特征，是摩托车造型感知和审美体验的基础，是影响设计决策的重要造型特征。产品的体量特征是由尺寸、空间和重心姿态等组合形成的整体性特征[①]。比例是造型中几何美学和形式美学的体现，摩托车的车身比例是整体造型特征的基础（见图 2.12）。

图 2.12　摩托车车身比例

摩托车的车辆类型与体量特征有着密切的关系（见图 2.13）。按照车辆功能和车身结构特点，两轮摩托车分为普通车、微型车、越野车、普通赛车、微型赛车、越野赛车。本书主要以两轮摩托车为研究对象，从摩托车造型体量特征的角度出发，将摩托车分为赛车、巡航车、旅行车、越野车、通路摩托车、踏板摩托车、轻便摩托车七个类型。

① 谭正棠．复杂产品设计中的个体感知差异与团队共识［D］．长沙：湖南大学，2018.

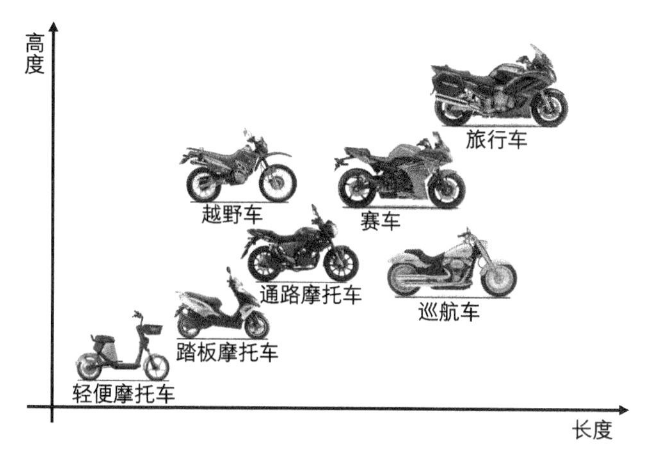

图 2.13　摩托车类型与体量

关于摩托车造型体量特征的认知是基于车型类别的，车型类别的分类与功能和车身比例具有内在的因果关系，因此功能布局和结构布置对体量感知的影响较为突出，对体量特征的准确认知需要具备一定的知识结构。体量特征还能够反映出一定的造型姿态，具有某种审美意味。此外，对体量特征的认知依赖于个人的审美经验。

（二）摩托车产品的型面特征

型面包括自由曲面和特征线，是造型标志性的、区别性的、可辨识的显著特点[①]。汽车的自由曲面主要有面的面积、比例、走势和光影等视觉表现[②]，特征线是一种具有特定结构约束和造型内涵的构造线，被标记为腰线、侧面轮廓线等[③]。高兆法和欧宗瑛在特征建模研究中将产品特征定义为对零件属性的描述，是零件形状、材料等的信息集合[④]。杨洁等在造型感知模型中提出，产品部件是用户进行

---

① 贾林祥．认知心理学的联结主义理论研究［D］．南京：南京师范大学，2002.
② 梁峭，赵江洪．汽车造型特征与特征面［J］．装饰，2013(11)：87-88.
③ 赵丹华，赵江洪．汽车造型特征与特征线［J］．包装工程，2007(3)：115-117.
④ 高兆法，欧宗瑛．产品信息模型中形状特征的表达研究［J］．组合机床与自动化加工技术，1999(8)：6-9.

造型感知的媒介[①]。本书通过与汽车型面特征的对比，对摩托车的型面特征进行分析（见图 2.14）。从图 2.14 中可以看出，相较于汽车的整体曲面结构，摩托车产品受功能、布局和结构的影响，零部件的面块之间缺少过渡，曲面的分布较为离散，一般表现为外覆盖件曲面的集合。

（a）汽车特征面　　（b）摩托车特征面

图 2.14　汽车特征面与摩托车特征面对比

摩托车的特征线是由侧面轮廓线、部件轮廓线和部件装饰线组成的特征线群（见图 2.15）。侧面轮廓线，即造型对称线，是草图表达、3D 建模、油泥模型制作的造型基础，是表达和控制整车造型作用最大的线。部件的外部轮廓线可看作是零部件的边界线，具有一定的结构意义。部件轮廓线与侧面轮廓线有着高度的关联，图 2.15 中侧面轮廓线的上半部分就是由坐垫轮廓线、后挡风板轮廓线、前挡风板轮廓线共同组成的。部件装饰线包括由面的转折、起伏、倒角等形成的结构特征线以及在局部造型区域内由嵌入式的装配关系而形成的交接线。

① 杨洁，杨育，赵川，等. 产品外形设计中客户感性认知模型及应用 [J]. 计算机辅助设计与图形学学报，2010(3)：538-544.

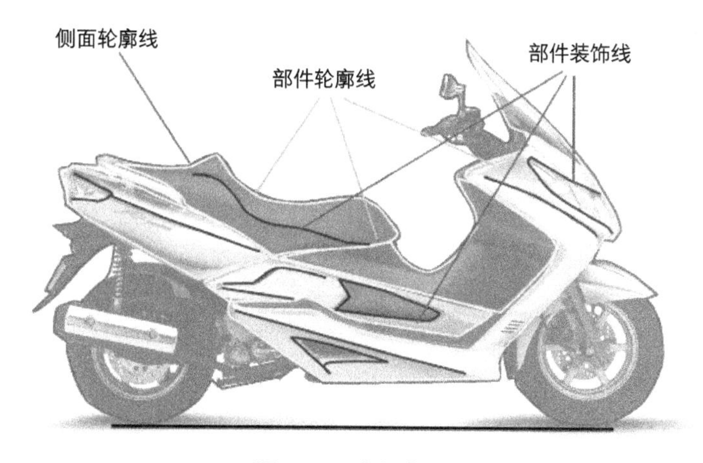

图 2.15　摩托车特征线

型面特征是个体形成认知和审美偏好的基础。视觉神经理论认为，人基于边界轮廓系统和特征轮廓系统对面进行视觉加工和认知[①]。对型面特征的认知更多地集中在对特征线的感知和理解上。虽然型面特征表现出相当强的专业性，对于普通用户（泛指利益相关者）来说难以用语言描述，但并不妨碍其对表现力和感染力强的型面特征产生偏好，即在型面特征的认知上具有某种“只可意会，不可言传”的意味[②]。

（三）摩托车产品的图形特征

图形特征是相对于背景而言的符号化特征。产品造型的图形特征是由色彩、材料、肌理、轮廓等的差异所形成的小的、封闭且具备明显的“图—底”认知结构的特征[③]。摩托车的图形特征主要体现在造型细节上。

① 赵丹华. 汽车造型特征的知识获取与表征［D］. 长沙：湖南大学，2007.
② 赵丹华. 汽车造型的设计意图和认知解释［D］. 长沙：湖南大学，2013.
③ 陈凌雁. 基于格式塔理论的汽车前脸造型研究［J］. 艺术与设计（理论），2007(4)：127-128.

为了研究的真实性和具体性，本书以某公司 2009—2017 年研发的三款摩托车为例，对前挡风板的造型细节进行分析（见图 2.16）。前挡风板的造型细节元素包括车灯、进气格栅、装饰件。对比三款车型的造型细节可以看出：如图 2.16（a）所示，宽、扁的盾形格栅和单灯集中于前挡风板的中部，呈现出舒展和简约的造型风格；如图 2.16（b）所示，盾形格栅的比例更为修长，装饰件也增加了长度，格栅嵌在车灯中间，形成了不完全分离的双灯设计，体现出硬朗、时尚的造型风格；如图 2.16（c）所示，盾形格栅上部采用了上翘的弧线，更具动感和生命力，格栅整个嵌入前挡风板，车灯采用完全分离的上扬式双灯设计，使得造型风格更具运动感。一方面，三款车型的车灯、进气格栅、装饰件表现出了完整的图形视觉结构，形成了截然不同的风格，构成了造型风格的图形认知；另一方面，进气格栅和装饰件组成的盾形结构的造型变化形成了代际间的特征传递，构成了品牌图形认知。总之，以细节设计为代表的视觉元素构成了摩托车的图形特征，具有良好的认知优势，是对决策对象进行理解和认知的重要造型要素。

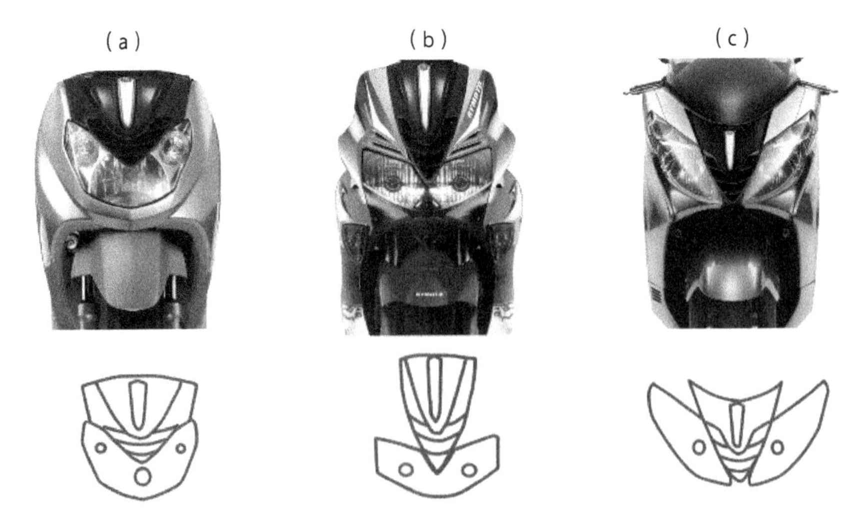

图 2.16　摩托车造型细节特征

综上所述，本节以案例分析为基础，从车型比例和车辆类型对体量特征进行了研究，从特征面和特征线对型面特征进行了研究，从细节设计和灯具设计对图形特征进行了研究（见图 2.17）。提出造型特征是呈现价值或者表达价值的途径。同时，造型特征也是决策主体理解和认知决策对象的感知要素。

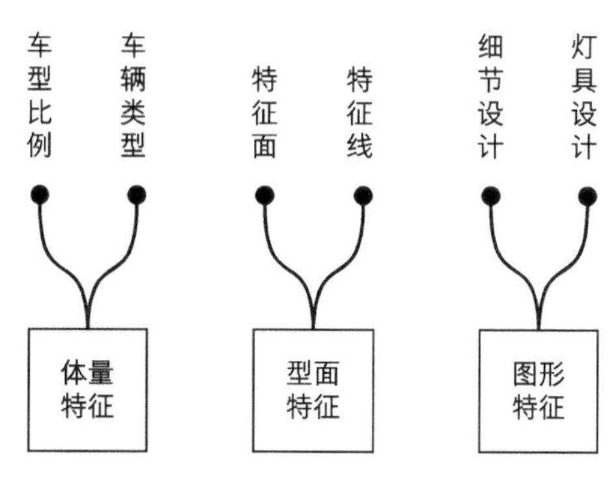

图 2.17　决策对象的造型特征

第四节　基于价值构架的产品设计决策研究框架

从决策系统的主客体关系来看，一方面，设计价值是属于设计物自身的，取决于设计物的自然属性和客观规律；另一方面，设计价值体现了主体对客体的认知和评判，反映的是一种“关系态”，是在主体（人）的需要和客体（物）的属性之间构建出的一种效用关联。本节首先以两轮踏板车设计项目为实际案例，通过参与式观察，分析了产品设计决策实践中决策主体对决策对象的实际影响；继而从主客体关系出发，基于动机理论模型和多斯特模型，建立本书的研究框架，确立本书的研究范围和研究重点。

一、设计价值的三大属性与造型特征的关系

为了提出一个可行的基于价值构架的产品设计决策研究框架，

本书采用参与式观察的方法对实际案例进行分析，归纳三个维度的价值属性与产品造型特征的关系，从而分析决策主体对决策对象的实际影响。设计决策并不是一个可以精确计算的活动，而是一个复杂、多变的活动。其中，造型特征的变化以及设计价值的演变就是非常典型的设计决策现象。语义为造型设计和评价提供依据①。本节以两轮踏板车设计项目为实际案例，具体研究设计决策意见（语义）对造型特征与价值属性的影响，并分别从社会价值、技术价值、商业价值三个维度分析价值属性与造型特征的关系，以及决策意见（由决策主体提出的）影响下，造型特征与价值属性（决策对象）的变化，进一步解释决策系统要素中主客体之间的关系。

该项目为笔者主持的企业项目，研究了从概念设计到批量生产的全过程，时间为2015—2016年。笔者作为该设计项目的主要负责人，管理和协调项目中设计团队的内部工作，并负责与团队外部的相关职能部门、用户等进行任务对接和交流沟通。项目设计方案实现了量产，并获得了较为良好的销售业绩和用户反馈，为本书研究提供了较为完整与真实的原始资料。

案例分析采用列表法，基于社会价值、技术价值和商业价值三个价值属性维度，利用决策意见、造型特征和价值属性三个信息栏分析产品设计决策中的造型特征与设计价值的演变过程，即决策意见对造型特征和价值属性的影响。

（一）社会价值属性

项目研究首先对目标市场（非洲东北部地区）的社会背景和用户信息进行了调研。采用跟踪访谈、实地调研等方法对特定市场区域的文化特点与社会习俗等客观因素，以及目标用户群的价值观念、

① 段正洁，谭浩，曾庆抒，等.微型汽车审美属性及其造型风格语义[J].包装工程，2017(18)：87-92.

审美偏好等主观因素进行了充分调研。在概念设计的初期，决策主体对手绘草图方案提出了多种决策意见，涉及审美风格、情感意义、文化内涵三种价值属性。本书选取部分具有代表性的决策意见进行分析（见表 2.2）。

表 2.2　决策意见对造型特征及社会维度价值属性的影响

决策意见	造型特征	价值属性
当地居民喜欢色彩丰富、图案复杂、风格较为热烈的产品	 图形特征	审美风格
用户喜欢有个性的、看上去比较强壮的风格	 体量特征　型面特征	情感意义
大气、豪华	 体量特征	文化内涵

决策主体提出“当地居民喜欢色彩丰富、图案复杂、风格较为热烈的产品”的决策意见。方案设计对决策意见进行提炼，选择“热情”作为设计的主题意向，并建立了关于“热情”的意向看板。意象是具有概括性的符号，是基于抽象概念形成视觉特征的媒介[①]。主题意象的生成需要找到符合特定概念的视觉设计要素及其表征形式，从而形成关于设计概念的整体性把握，并在一定程度上满足最初的设计概念。意向看板中的图像都体现出了相对浓烈的色彩、复杂交错的线条，在一定程度上诠释了“热情”这一主题意向的视觉元素和视觉氛围。造型塑造的过程是从意象信息到造型特征的转化

① 赵江洪. 设计心理学［M］. 北京：北京理工大学出版社，2005.

过程。设计师提取意象细节或完整的形体，以简化、抽象等造型手法对造型特征进行塑造和表现[1]。造型设计利用车灯、格栅、装饰件等小部件的轮廓线构成复杂的图案，通过对图形特征的塑造，体现了“热情”的设计概念。这一决策意见是对产品的审美属性所提出的要求，通过对图形特征的塑造，构建了产品的审美风格。

决策主体提出“用户比较喜欢有个性的，看上去比较强壮的风格”的决策意见。方案设计同样采用了意向转化的方法，采用意向看板对两个主题意向进行视觉信息转化，例如，“强壮”这一设计概念在意向看板的图像中体现出了相对厚重、粗壮的外形特征，在一定程度上提供了能够表现主题的“形”特征。造型设计通过对体量特征和型面特征的塑造体现主题意向，满足决策主体对情感意义的要求。在体量特征方面，设计方案所设计的产品的视觉重心较低，体现了向前的态势，具有不拘一格的意味，充分体现了“个性”的设计概念。在型面特征方面，前挡风板的造型大量采用直线和折线线形，型面转折较为明显，体现出了厚重感与力量感，与“强壮”这一设计概念相呼应。结合实地调研的结果，该产品的用户以男性为主，“个性”“强壮”实际上是对男性喜好和情感的反映。设计决策通过对体量特征和型面特征的塑造，构建了产品的情感意义。

决策主体提出“大气、豪华”的决策意见。造型设计上采用跑车式的车身比例、较高的离地间隙、一体式侧护板等，通过对体量特征的塑造，体现出“大气、豪华”的风格。调研结果表明，当地居民平均收入不高，摩托车属于家庭重大财产。“大气、豪华”实际上是在当地的经济水平和社会文化背景下的设计价值反映。设计决策通过对体量特征的塑造，构建了产品的文化内涵。

---

① 陈宪涛．汽车造型设计的领域任务研究与应用［D］．长沙：湖南大学，2009.

（二）技术价值属性

产品形态是产品功能和结构的外在反映形式，是对产品功能、产品技术以及舒适度等相关要素的形态表达[①]。产品的加工制造采用了高度专业化分工的形式，技术水平、供应链状态、制造能力、加工工艺等都成了对设计的制约条件。同时，工程技术的合理性也影响到造型特征以及相应功能的可靠性[②]，成为产品最终形态的技术框架。在产品设计过程中，有相当数量的决策意见会导致技术价值属性的变化（见表 2.3）。

表 2.3　决策意见对造型特征及技术维度价值属性的影响

决策意见	造型特征	价值属性
前大灯的灯罩外壳与前挡风板之间装配缝隙太大	后挡风板；前挡风板外壳；灯具支撑架；前大灯；前挡风板边条 型面特征	结构布局
外贴贴花套色不要太多，如果觉得颜色单一，也可以通过坐垫轧线呼应	图形特征　型面特征	生产工艺
抬高底盘之后，灯光位置必须符合国际标准，脚踏板和方向把之间的距离会有点小	体量特征 灯光位置	操作方式

① 谭正棠．复杂产品设计中的个体感知差异与团队共识［D］．长沙：湖南大学，2018.

② 胡程超．基于数字主导的汽车造型设计技术研究及流程构建［D］．长沙：湖南大学，2010.

续表

决策意见	造型特征	价值属性
摩托车座桶的空间不够大，我希望能放下安全盔	体量特征	使用功能

决策主体提出“前大灯的灯罩外壳与前挡风板之间装配缝隙太大”的决策意见。以造型特征为标准，可将摩托车的零部件分为外观类和非外观类：外观类指的是覆盖于产品表面、能够被人看到的、影响产品外部特征的零部件，如外覆盖件、坐垫、仪表等；非外观类指的是隐藏于产品内部的零件，如车架、传动系统、发动机等。摩托车的外观造型完全取决于外观类零部件之间的装配结构。非外观类零部件虽然隐藏在内部，对于产品造型没有直接影响，但由于摩托车产品是集合全部零部件的装配整体，各零部件之间的装配关系是造型特征的结构支撑，间接影响了产品造型特征。前大灯结构采用了双灯的灯具结构，灯罩外壳采用了大角度的倾斜，前挡风板也必须采用与车灯相似的倾斜角度，并在车灯上方采用边缘凸起的方式对灯具进行包裹，才能适应前大灯的装配结构。前挡风板局部造型区域内由嵌入式的装配关系形成的交接线（如前大灯、灯罩外壳、前挡风板之间的结合边缘）汇聚成了前挡风板的部件装饰线，从而塑造了新的型面特征，形成了新的产品结构布局。

决策主体提出“外贴贴花套色不要太多，如果觉得颜色单一，也可以通过坐垫轧线呼应”的决策意见。产品的制造工艺包括材料的成型、加工与表面处理等[①]。在造型设计中采用了红、黑、白三种颜色作为外贴贴花的色彩，并采用了红色的坐垫轧线与贴花颜色相

① 莱斯科．工业设计：材料与加工手册［M］．李乐山，译．北京：中国水利水电出版社，2004.

呼应。贴花的设计是对产品图形特征的塑造，而色彩对比强烈的坐垫轧线构成了型面造型的特征线。对图形特征和型面特征的塑造形成了新的产品生产工艺。

决策主体提出："抬高底盘之后，灯光位置必须符合国际标准，脚踏板和方向把之间的距离会有点小。"脚踏板和方向把的位置与相对距离决定了驾驶者的驾驶姿态和操控动作，因此这是对摩托车操作方式提出的决策意见。摩托车属于交通工具类产品，对于安全性具有硬性的法律法规要求，其中包括车灯的聚光位置。造型设计首先要保证聚光位置，在此基础上调高方向把的高度，以适应操控车辆的需求。因此新方案具有更大的体量特征，同时也影响了产品的操作方式。

决策主体提出："摩托车座桶的空间不够大，我希望能放下安全盔。"安全盔的尺寸一般为370×270×270（单位为毫米），这意味着摩托车座桶的空间需大于该尺寸，摩托车尾部需要更宽的空间，因此新方案具有更大的体量特征，同时改变了产品的使用功能。

（三）商业价值属性

商业价值属性体现的是产品在商业行为下的价值空间。产品设计需要将成本、价格、品牌等方面的产品意义融合到合理、显性的设计方案中[①]。在产品设计过程中，有一些决策意见导致了商业价值属性的变化（见表2.4）。

① 欧静，赵江洪.基于层次语义特征的复杂产品工业设计研究［J］.包装工程，2016(10)：65-69.

表 2.4 决策意见对造型特征及商业维度价值属性的影响

决策意见	造型特征	价值属性
考虑侧护板能不能分成两截	体量特征 型面特征	成本
方向柱的高度要测算清楚，高柜集装箱必须能装下 80 台以上	体量特征	价格
要让用户一眼看上去就知道是我们公司的产品	图形特征 型面特征	品牌

决策主体提出“考虑一下侧护板能不能分成两截”的决策意见。摩托车产品的造型语言主要通过外覆盖件来表现，外覆盖件数量及单片的大小也和模具开发的价格紧密相关。每片外覆盖件至少由一套注塑模具完成。覆盖件数量越多，单片尺寸越大，模具制造所需的成本就越高。摩托车的侧护板是从前挡风板延续到坐垫下方的一整块覆盖件，具有较大的面积。因此，将侧护板分为两截的决策意见实际上是从节约成本的角度提出的。设计团队、技术团队和管理团队收集前代产品资料，并基于行业经验进行成本核算。最终的设计方案通过体量特征和型面特征的塑造对设计问题进行响应：一方面减少了覆盖件的覆盖区域，将前后减震、空滤器等部分裸露在外，导致造型元素分布较为离散，体量特征呈现出更小的视觉效果；另一方面采用螺栓连接和卡扣连接的方式实现了侧护板小片覆盖件之间的拼接，导致型面过渡的曲面不够连贯，转折更明显。最终设计方案通过对体量特征和型面特征的塑造，将产品的成本控制在合理

的范围之内。

决策主体提出“方向柱的高度要测算清楚，高柜集装箱必须能装下 80 台以上”的决策意见。目前国际上摩托车等大型工业产品的运输以集装箱运输为主要形式，运输费用以集装箱的数量为结算单位。也就是说，单个集装箱的装载量越多，海运费越低，产品价格也越低。因此，需根据集装箱的规格合理设计产品的尺寸，力求实现装货量的极大化。设计将整车尺寸限定为 1750×7000×980（单位为毫米），包装尺寸可达到 1700×570×830（单位为毫米），实现了 40 英尺（约为 12.19 米）集装箱中装车 84 台。通过对产品体量特征的塑造，最大程度地利用了集装箱的内部空间，使流通成本降到最低。价格由产品成本、销售费用、利润等组成。销售费用主要由集装箱海运费、仓储费用等流通成本构成。流通成本的下降意味着产品的价格也具有一定的下调空间。

决策主体提出“要让用户一眼看上去就知道是我们公司的产品”的决策意见。品牌是用抽象的概念表现在公众的意识中并占据一定位置的综合反映，是能够带来经济价值的无形资产[①]。谭正棠提出了基于线形特征和图形特征的品牌价值识别模式[②]，并基于该模式，分析了某公司 2006—2013 年开发的产品。在关于线形特征的研究中发现，前挡风板的侧面轮廓线特征在后续产品中多次出现，因此是维持品牌特征的视觉要素。在关于图形特征的研究中发现，涂装设计在代际间具有一定的规范性表达：在色彩应用上采用了红、黑、白三种颜色，在图案设计上采用了狭长的流线型交叉图案。线形特征和图形特征的延续性与规范性表现是支撑品牌特征的视觉要素，品牌表达可以转化为如何体现品牌特征延续性的设计问题。最终设计

---

① 科特勒，阿姆斯特朗．营销学原理［M］．何佳讯，译．上海：上海译文出版社，1996.

② 谭正棠．复杂产品设计中的个体感知差异与团队共识［D］．长沙：湖南大学，2018.

方案从型面特征和图形特征两个方面体现了品牌的延续性：一方面保留前挡风板的侧面轮廓线，通过线形特征的延续来传递品牌信息；另一方面对原有产品的涂装方案进行抽象和收敛，形成了具有相似性的涂装设计，从而实现了有效的品牌表达。

综上所述，本节以两轮踏板车设计项目为实际案例，分别从社会、技术、商业三个价值属性维度研究了决策意见（由决策主体提出的）影响下，造型特征与价值属性（决策对象）的变化。首先，决策对象的价值属性与造型特征之间的关系遵循了“形式跟随意义”的设计原则。通过针对性的设计求解，以造型特征完成设计解的表达，实现对决策对象价值属性的合理规划。其次，这种关系对设计决策起到了积极的作用。一方面，设计决策需要充分理解和关注决策对象的设计价值，以造型特征对价值属性进行外化表现，使决策主体透过造型特征对价值属性进行有效的判断和筛选，为合理决策提供有力的信息支撑；另一方面，决策主体对决策对象价值属性提出的意见和建议最终以显性的造型特征实现满意的设计解，导致决策对象的设计价值产生了相应的变化（见图 2.18）。所谓的设计决策，是指决策主体通过一定的行为对决策对象进行全面规划：通过对决策对象造型特征的评判和筛选，实现对决策对象价值属性的架构和重构。这进一步解释了决策系统要素中决策主体与决策对象之间的关系。

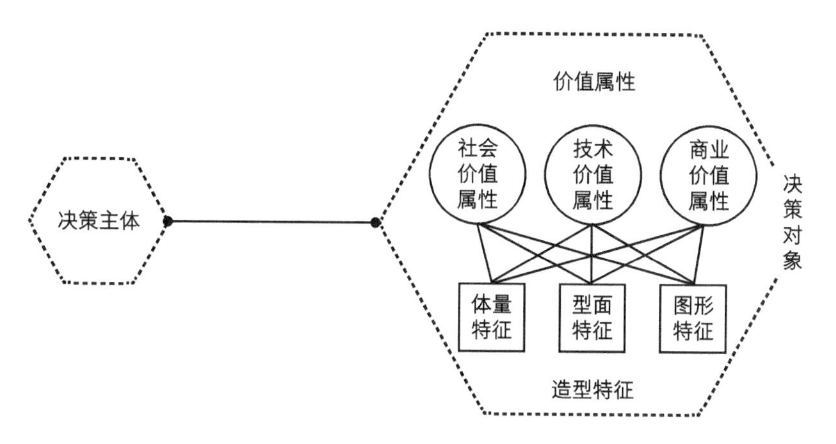

图 2.18　产品设计决策中的决策主体与决策对象

二、基于价值构架视角的产品设计决策研究框架

设计决策作为一种价值构架，决策主体的决策行为是对价值的架构和重构。决策行为具体是指决策过程中决策主体的行为反映了决策主体与决策对象之间的关系。对决策行为的分析需要置于一个合理的框架下，才能使研究具有科学意义。

行为研究中最常用的研究框架是以 Bandura、Vallerand 等的研究为代表的动机理论，该理论从自我效能与自我决定等内部动机因素对行为产生的原因进行解释[①]。动机理论认为，行为是在目的指导下的有意识的行动[②]，这是一种具有通用意义的行为模式。动机和执行是行为主体指向行为客体的两重含义。任何行为都可以抽象为动机和执行两个层面：动机是激发和维持主体行动，并使行动指向某一

① Bandura A. Self-Efficacy: Toward a Unifying Theory of Behavioral Change [J]. Advances in Behaviour Research and Therapy, 1978(4): 139-161; Vallerand R J, Deci E L, Ryan R M. 12 Intrinsic Motivation in Sport [J]. Exercise and Sport Sciences Reviews, 1987(1): 389-426.

② 林崇德，杨治良，黄希庭. 心理学大辞典 [M]. 上海：上海教育出版社，2003.

客体的心理倾向或内部驱动力，是决定行为的内在动力；执行是行为主体的具体动作和对客体的实际影响，是产生行为的直观表象（见图 2.19）。从主体视角来说，行为的动机和执行是同时存在的：如果没有动机驱动，就不会存在行为的表象；如果没有执行实践，动机也不能得到实现。

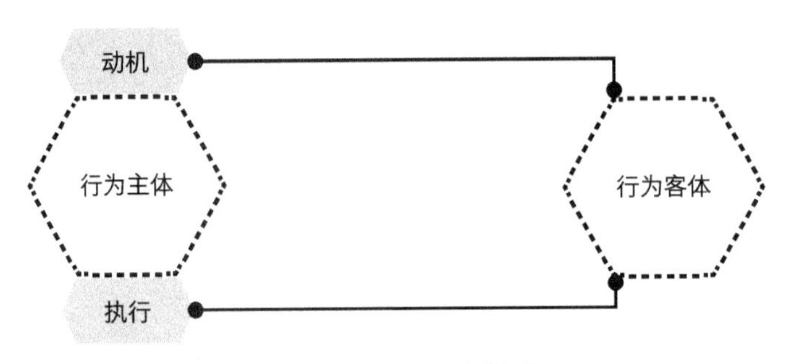

图 2.19 动机理论模型

Dorst 认为，设计研究的对象是人与物的关系，研究的结果是获得的某种价值，价值构架研究的逻辑是在方式和价值之间生成某种关联[①]。赵江洪等认为“构架”一词是名词性的，而“架构”和“重构”是动词性的；构架是在方式与价值之间架构和重构的迭代过程。创造价值的方式具有两重含义：一重含义是指人的需求动机，这是产生价值的原动力；另一重含义是指人与物发生关系的场景，这是实现价值的方式[②]。本书将架构价值的行为也抽象成动机和执行两个层面，对多斯特模型进行了修改，将产生价值的动力（动机）和实现价值的方式（执行）嵌入模型并将其称为方式、价值和构架关系，作为产品设计决策研究框架的立论基础（见图 2.20）。

① Dorst K. The Core of Design Thinking and Its Application [J]. Design Studies, 2011(6): 521-532.

② 赵江洪，赵丹华，顾方舟 . 设计研究：回顾与反思 [J]. 装饰，2019(10): 24-28.

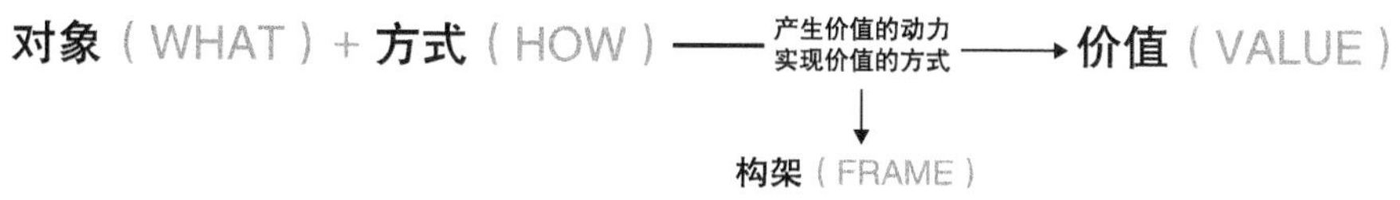

对象（WHAT）+ 方式（HOW）——产生价值的动力 实现价值的方式——→价值（VALUE）
↓
构架（FRAME）

图 2.20　方式、价值和构架关系

价值决策研究表明，对于决策活动来说，首先是判断设计的价值，然后提出意见，最后架构新的价值[①]。对产品设计决策问题进行研究需要充分理解决策行为中的行为方式和行为关系。本书以决策系统为研究前提，以多斯特模型为理论基础，在价值构架的视角下构建了产品设计决策的研究框架——产品设计决策行为关系（见图 2.21）。研究框架主要包括决策主体和决策对象两个要素。其中，决策对象包括本章研究的价值属性和造型特征。在决策主体与决策对象之间存在行为动机和行为方式两条路径。一方面，决策主体面向决策对象产生了行为动机，形成了设计价值产生的动力。本书对产品设计决策行为动机的研究以决策主体的利益诉求为主要内容，这将在第三章的研究中全面展开讨论。另一方面，决策主体通过一定的行为方式作用于决策对象，构成了设计价值的实现方式。本书对产品设计决策行为方式的研究以决策主体的决策力为主要内容，相关讨论将在第四章中全面展开。

① 基尼．创新性思维：实现核心价值的决策模式［M］．叶胜年，叶隽，译．北京：新华出版社，2003.

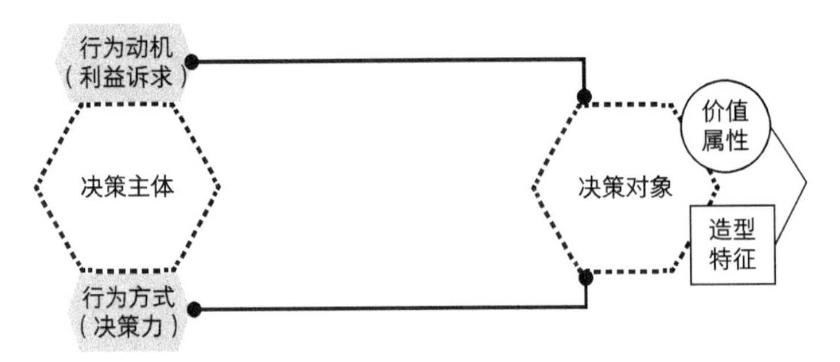

图 2.21　研究框架：产品设计决策行为关系

综上所述，本书将设计决策行为视为对设计价值的架构和重构，并将决策对象视为对设计价值的表达，从价值构架的视角提出设计决策的研究框架（见图 2.21）。从决策系统要素出发，基于动机理论和价值构架中价值创造方式的两重含义，将决策主体的行为动机（利益诉求）与行为方式（决策力）定义为形成决策主体和决策对象之间关系的关键要素，确定了本书的研究范围与研究重点。

第五节　本章小结

本章的主要内容是基于价值构架的视角建立产品设计决策的研究框架，确定本书的研究范围和研究重点。主要研究结果如下所示。

第一，设计价值的创造和实现是设计的最高标准，设计的根本目的是创造出合理的设计价值，而价值构架就是一种创造价值的具体形式。研究提出设计决策促进了设计收敛，推动了设计迭代，管理了设计流程；设计的过程就是一个决策的过程，不仅要通过设计决策过滤掉有风险的不良设计，还要通过设计决策寻找不良设计的替代方案，即对“未来是什么”的创造。从创造价值的意义上说，设计决策是一个价值构架。在价值构架的理论框架下对产品设计决策问题进行讨论是合理、可行且必要的。设计决策研究要体现出其对价值创造的作用，也就是作为价值构架的意义。

第二，决策对象的价值内涵是价值表达的问题。以两轮摩托车为例，以摩托车展会调研内容及各大摩托车生产企业的产品图册等文献资料为素材，从价值属性和造型特征两个方面研究了决策对象的价值内涵。采用文献研究和工作坊方法收集了83条价值属性描述信息，并归纳提出了价值属性量表，一方面全面表达了决策对象的价值属性，另一方面为设计决策提供一种决策标签，便于对决策语料进行识别和分类。价值属性量表包含十个属性标签，可归纳为社会价值、技术价值、商业价值三个综合价值维度，为本书提供了定性和定量的研究基础。同时，以案例分析为基础，按照体量特征、型面特征和图形特征，研究决策对象的造型特征，并提出造型是呈现价值或者表达价值的途径。

第三，采用参与式观察的方法，以两轮踏板车设计项目为例，具体讨论三个维度的价值属性与产品造型特征的关系，从而分析决策主体的决策意见对决策对象的实际影响。决策对象的价值属性与造型特征之间的关系遵循了“形式跟随意义”的设计原则，这种关系对设计决策起到了积极的作用。本书对多斯特模型进行了修改，将产生价值的动力和实现价值的方式嵌入模型，将其称为方式、价值和构架关系，以之作为本书研究框架的立论基础。以决策系统为研究前提，以多斯特模型为理论基础，在价值创造的视角下构建了产品设计决策的研究框架——产品设计决策行为关系，确定了本书的研究范围和研究重点。

第三章 产品设计决策主体及其利益诉求

第一节 概述

本章研究拟解决本书的第二个学术问题：设计决策主体的群体构成及其利益诉求是什么？

决策主体是设计决策的主导，决策主体经过一定的行为过程可以使整体决策变得有序，表现出群体创新协作的宏观智能行为特征①。设计决策的复杂性和有序性集中反映了决策主体的群体构成与群体关系，而利益诉求是这种关系的核心。

决策主体的群体构成和群体关系既具有一致性，又具有矛盾性。一方面，决策主体共同完成决策任务，利用自身知识和专业优势在领域间形成互补，降低决策风险，通过群体行为去解决复杂的设计决策和利益取舍问题；另一方面，不同学科的决策主体考虑问题的视角和求解问题的策略是不同的，在决策过程中必然会形成多样的群体关系。在方式、价值和构架关系图（见图 2.20）中，决策主体的行为动机是产生设计价值的动力。因此，决策主体的行为是对价值的架构和重构，决策群体的不同利益诉求就是设计价值产生和创新的动力，是设计决策研究的重要问题。

---

① 吴尤可，王田．基于蚁群群体智能理论的创新政策扩散研究［J］. 科学学与科学技术管理，2014(4)：35-40.

本章引入经济学、管理学、社会学的理论，提出决策主体的利益诉求是设计决策的行为动机，也是产生设计价值的动力。本章的关键科学问题是：第一，产品设计决策具有怎样的群体构成？第二，决策主体的利益诉求是什么？

Donaldson 和 Preston 提出，对决策主体的研究分为描述性研究和关系性研究，其中，描述性研究的侧重点是对主体进行识别和界定，为后续关系性研究提供研究依据[①]。本章对于决策主体的群体构成研究主要针对决策主体的角色识别问题展开：第一，设计是一个群体创新活动，广义的群体创新活动也是一种利益相关者的群体性行为，存在复杂的群体过程和群体内部关系[②]；第二，在群体创新过程中，不同决策主体拥有不同的决策资源，因此有着不同的决策参与度，此外，决策参与度还取决于决策主体参与决策的方式。

利益是促进社会发展的动因，人类的一切社会活动都同他们的利益有关，这是历史所昭示的社会运行、演变过程的一条普遍规律。设计决策的利益诉求是其开展决策的行为动机，是指作为决策主体的利益相关者在设计决策中希望获得的利益回报。本章对利益诉求的研究采用了定性研究和定量研究两种方法：一方面，对产品设计决策中的利益诉求概念进行定义，详细分析了每一类决策主体的利益诉求，并对其之间的关系进行讨论；另一方面，试图建立一种对利益诉求进行测量的有效方法。

本章的三个主要实验如下所示。

第一，设计决策参与度实验。采用问卷调查的方法对产品设计利益相关者的决策参与度进行调研和计算，对产品设计决策主体进

---

① Donaldson T, Preston L E. The Stakeholder Theory of the Corporation: Concepts, Evidence, and Implications [J]. Academy of Management Review, 1995(1): 65-91.

② Randsley de M G, Leader T, Pelletier J, et al. Prospects for Group Processes and Intergroup Relations Research: A Review of 70 Years' Progress [J]. Group Processes & Intergroup Relations, 2008(4): 575-596.

行识别和界定。

第二，决策主体利益诉求访谈实验。采用半结构化的访谈方法访问了六类决策主体，对决策主体在产品设计中的利益诉求进行分析，并对产品设计决策语境下利益诉求的主要特征进行归类描述。

第三，决策主体利益诉求实证研究。采用问卷调查和统计学方法验证了决策主体利益诉求的实现途径，并以此为基础，对六类决策主体利益诉求的特点和关系进行了分析。

第二节 产品设计的决策主体——利益相关者

设计是群体创新活动，群体首先是一个利益相关者的概念[①]。影响组织目标或受组织目标影响的团体或个人被称为利益相关者[②]。利益相关者问题被认为是一个决策主体的基本研究问题[③]。Flatscher和Riel认为，单个决策主体的知识结构具有局限性，针对不同领域的决策问题，必须通过不同学科背景、不同知识结构的主体共享和沟通信息，充分利用利益相关者的专业知识，将生产、开发、采购、供应商等利益相关方纳入一个决策团队，才能确保设计的有效性和效率[④]。

利益相关者在个体属性上具有动态性，需要在不同的组织背景

---

① Hemphill T A. The Unbounded Mind: Breaking the Chains of Traditional Business Thinking [J]. Business Horizons, 1993(5): 88-90.

② Freeman R E. Strategic Management: A Stakeholder Approach [M]. Boston: Pitman Publishing, 1984.

③ Hester P T, MacG K. Systemic Decision Making [M]. Cham: Springer International Publishing AG, 2017.

④ Flatscher M, Riel A. Stakeholder Integration for the Successful Product-Process Co-Design for Next-Generation Manufacturing Technologies [J]. CIRP Annals, 2016(1): 181-184.

与时序状态下准确识别[①]。然而，利益相关者的识别问题一直困扰着学术界，至今没有达成共识[②]。整体而言，利益相关者的识别研究大体可以划分为广义与狭义两种思路[③]。广义的利益相关者的识别研究因主体身份过于宽泛，在特定项目中区分和识别利益相关者时常出现概念含糊不清的情况[④]。狭义的利益相关者的识别研究强调利益相关者在具体活动中的参与程度（比如决策的参与方式），通过约束条件和活动维度来描述利益相关者的概念[⑤]。这意味着利益相关者的识别研究应当面向具体的研究目的，突出针对性和实践性。

本书对决策主体的研究是在产品设计决策的特定语境下对决策群体构成进行研究。首先，确定产品设计决策的可能利益相关者；其次，借助设计决策参与度实验，通过分析利益相关者在设计决策中的参与方式和参与程度，识别或定义产品设计决策的决策主体构成（角色类型）。

一、基于投入的设计决策利益相关者

设计活动就是一个能力体系或信息体系的集合，而集合的核心包括投入和参与两个概念，即利益相关者以一定的资源投入直接参

① Donaldson T, Preston L E. The Stakeholder Theory of the Corporation: Concepts, Evidence, and Implications [J]. Academy of Management Review, 1995(1): 65-91.

② Elias A A, Cavana R Y, Jackson L S. Stakeholder Analysis for R&D Project Management [J]. R&D Management, 2002(4): 301-310.

③ 陈剑平，盛亚．基于利益相关者视角的创新政策研究：规范、描述与工具 [J]. 科技进步与对策，2014(18): 125-130.

④ Mitchell R K, Agle B R, Wood D J. Toward a Theory of Stakeholder Identification and Salience: Defining the Principle of Who and What Really Counts [J]. Academy of Management Review, 1997(4): 853-886.

⑤ Pouloudi A. Stakeholder Analysis as a Front-End to Knowledge Elicitation [J]. AI & Society, 1997(1): 122-137.

与设计活动[①]。在这里，资源投入的形式包括货币、知识、经验、时间和技能等（见表 3.1），有资源投入的主体就是利益相关者，资源投入是利益相关者的一种广义参与形式。例如，用户购买产品既投入了钱也会产生用户反馈，就可以称其为资源投入的利益相关者。资源投入不同，决策主体所拥有的决策力也不同。

表 3.1　利益相关者的资源投入分类

资源类型	具体表现
人力资源	专业知识、技能水平、管理才能等
信息资源	产品结构参数、零部件技术参数、用户需求、市场信息、竞品信息等
经济资源	资金、货物、渠道等

按利益相关者的概念，产品设计活动涵盖了与产品相关的全部领域范围，需要从广泛的领域定义和识别所谓的利益相关者[②]。张凌浩认为，设计是一种社会性的交互[③]。Bain 等提出，产品设计的利益相关者涉及工程、制造、商业、社会、文化、艺术等多个领域[④]。产品设计决策的利益相关者既涉及设计领域也涉及非设计领域，既包括设计领域的设计角色和非设计角色，也包括非设计领域的相关角色（见图 3.1）。

---

① 曼奇尼．设计，在人人设计的时代：社会创新设计导论［M］．钟芳，马谨，译．北京：电子工业出版社，2016.

② Earl M. Management Strategies for Information Technology［M］. Englewood Cliffs: Prentice-Hall, 1989.

③ 张凌浩．张凌浩：中国工业设计个案的整理与反思——认识与跨越［J］．设计，2019(24): 87-89.

④ Bain P G, Mann L, Pirola-Merlo A. The Innovation Imperative: The Relationships between Team Climate, Innovation, and Performance in Research and Development Teams［J］. Small Group Research, 2001(1): 55-73.

图 3.1　基于参与度的产品设计决策利益相关者范畴

在关于群体过程和群体关系的研究文献中，Vink 等分析了产品设计中的七类利益相关者及其在产品设计制造中的参与方式[①]。Kelley 和 Littman 提出了设计创新中的十个重要角色[②]。Sonnenwald 介绍了多学科参与的条件下出现的 13 种设计沟通角色，及其通过提供信息、参与协商等形式来支持设计知识探索，协助设计任务以及项目的完成[③]。Hipple 通过对多个行业的实证分析，证明了供应商、制造商、用户、社会角色等都是创新活动中重要的利益相关者[④]。盛亚和陶锐从技术创新角度出发，进一步提出具有普适意义的十类利益相关者角色[⑤]。吴玲和贺红梅通过文献分析，归纳了国内外学者认同度较高的 20 类企业创新活动利益相关者[⑥]。基于文献研究，本书对文献中提及的角色进行整理和统计，根据其被提及的

---

① Vink P, Imada A S, Zink K J. Defining Stakeholder Involvement in Participatory Design Processes [J]. Applied Ergonomics, 2008(4): 519-526.

② Kelley T, Littman J. The Ten Faces of Innovation: IDEO's Strategies for Beating the Devil's Advocate and Driving Creativity Throughout Your Organization [M]. New York: Currency Press, 2005.

③ Sonnenwald D H. Communication Roles that Support Collaboration during the Design Process [J]. Design Studies, 1996(3): 277-301.

④ Von Hipple E. The Sources of Innovation [M]. Oxford: Oxford University Press, 1994.

⑤ 盛亚，陶锐 . 基于利益相关者的企业技术创新产权主体探讨 [J]. 科学学研究，2006(5): 804-807.

⑥ 吴玲，贺红梅 . 基于企业生命周期的利益相关者分类及其实证研究 [J]. 四川大学学报（哲学社会科学版），2005(6): 35-39.

频率和对其作用的相关描述，对产品设计的利益相关者进行了梳理，共归纳了 11 类角色作为产品设计决策的利益相关者基本范畴（见表 3.2），并作为后续实证研究的基础。

表 3.2 产品设计决策的利益相关者构成

利益相关者	设计活动的资源投入
设计师	设计和规划产品的功能、造型等
工程师	提供技术信息支持，提供技术设计方案并分析技术可行性
管理者	提供资金和资源支持，承担提供货币和资源所产生的风险 *
制造商	提供产品量产的场地、设备、技术条件
供应商	提供配套产品和服务，承担一定的设计外包服务
经销商	产品销售、收集和反馈市场信息
用户	付出合理的价格购买产品，反馈需求信息 **
政府	出台支持性政策和法规，维护知识产权的合法权益
媒体	提升新产品的知名度和美誉度
行业协会	制定合理可行的行业规划和设计标准
竞争对手	竞品信息的来源

注：第一，* 表示本书对管理者的定义为对设计项目进行了资金投入的人。在不同的设计模式下，管理者的具体职能背景有所差异。对于委托设计来说，资金投入的主体是设计的委托方，即甲方。对于企业内部设计来说，资金投入的主体是企业主或对企业主负责的经理或项目负责人。本书中所研究的管理者并未进行细分，笼统地指设计项目的出资方或对出资方负责的具有管理职能的人。第二，** 表示在某些产品设计中，购买产品与使用产品的个体并不相同，所以采用“客户”“消费者”“用户”等不同表述进行角色区分。本书研究主要以交通工具类的产品为案例，此类产品的购买者与使用者往往是同一个体。因此，本书对用户的定义为购买且使用产品的个人。

二、基于参与度的设计决策主体

设计决策研究认为，决策活动是产品设计开发的本质[①]。利益相关者参与设计决策才构成所谓的群体创新，参与意味着对设计活动

① 刘晓东，宋笔锋. 复杂工程系统概念设计决策理论与方法综述［J］. 系统工程理论与实践，2004(12): 72-77.

产生独特的、能够增值的作用（不排除利益诉求冲突），通过参与行为使设计更加完善[①]。从这个意义上讲，参与度既是利益相关者参与决策的程度，也是识别决策主体的研究途径。

对于群体过程和群体关系的研究也涉及利益相关者在群体活动中的参与度。参与角色的作用不可或缺，既有参与角色主动施加影响或主动承担主要责任的方式，也有相对被动的参与方式[②]；决策参与在一般情况下可能既不主动也不重要，但是在某个设计节点上必须迅速满足其要求，否则就会影响设计项目的进展[③]；有些个体虽符合利益相关者的定义，但并未对设计决策活动产生实质或直接的影响。例如，竞争对手是竞品信息的主要提供者，竞品信息是设计前期进行市场调研的重要内容。从竞品信息中可以找寻设计方向，避免设计错误，建立设计标杆，形成设计的特定目标和有效约束。但竞争对手并未直接参与设计决策活动，也不会主动通过某种方式或手段提出评价和建议。因此，产品设计决策的利益相关者影响设计决策的方式和参与程度是不相同的。涂慧君和苏宗毅认为，设计决策中，关于利益相关者的参与度的描述性词语包括“授权”“合作”“参加”“咨询”“告知”“未知”等[④]。资源投入不同，决策主体在设计决策中的参与度也不同。

---

① Hester P. Analyzing Stakeholders Using Fuzzy Cognitive Mapping [J]. Procedia Computer Science, 2015(1): 92-97.

② Freeman R E, Reed D L. Stockholders and Stakeholders: A New Perspective on Corporate Governance [J]. California Management Review, 1983(3): 88-106.

③ Mitchell R K, Agle B R, Wood D J. Toward a Theory of Stakeholder Identification and Salience: Defining the Principle of Who and What Really Counts [J]. Academy of Management Review, 1997(4): 853-886.

④ 涂慧君，苏宗毅. 大型复杂项目建筑策划群决策的决策主体研究 [J]. 建筑学报，2016(12): 72-76.

三、基于参与度的设计决策主体实证研究

关于基于投入的产品设计决策利益相关者和基于参与度的产品设计决策主体的讨论表明：在群体创新过程中，不同决策主体拥有不同的决策资源，不同决策主体也有着不同的参与度。

本书通过设计决策参与度实验，对产品设计决策主体进行识别和界定。实验采用问卷调查的方法，对设计决策利益相关者在设计决策中的参与度进行调研和计算。本书选取在设计决策中切实发挥作用的主体作为研究的主要对象。

（一）决策参与方式和决策参与度实验的设计

利益相关者的决策参与度实验采用所谓的设计决策参与方式作为实验变量，来判断决策参与度。参与方式是指决策主体参与决策的深度和意愿：一方面，反映决策主体在决策中能达到的深度和层级，也是主体自身目的的实现程度；另一方面，反映决策主体的自主性和充分性，也是主体参与意愿的强烈程度，以及充分准确表达主体自身意愿的程度。因此，参与方式定性分类了决策主体参与程度的大小。

文献研究表明，目前没有一致的准则来界定利益相关者的参与方式，参与方式可以根据参与目标、参与态度、参与环境的不同标准来制定[①]。托马斯根据决策模型提出了基于信息交换的三种参与方式，即告知型、咨询型和积极参与型[②]。刘红岩以参与的主动性为标准，将参与方式分为对抗式参与、建议式参与、志愿式参与和录用式参与，

---

① Vink P, Imada A S, Zink K J. Defining Stakeholder Involvement in Participatory Design Processes [J]. Applied Ergonomics, 2008(4): 519-526.

② 托马斯．公共决策中的公民参与：公共管理者的新技能与新策略［M］．孙柏瑛，等译．北京：中国人民大学出版社，2004.

反映了主动与被动、单一与多元的决策参与形式[①]。张文勤等提出了在团队创新活动中，个人对组织活动的四种参与模式[②]：互动模式，积极参与并力图为所有有关人员创造未来的外部条件；主动模式，试图预测将要发生的外部变化，在事情发生前将组织调整到能够适应变化；响应模式，等待事情的发生并对这些事情做出反应，然而这个反应是受到外力的刺激才产生的；不响应模式，对活动不做出反应。

本书中的设计决策参与度实验将利益相关者在设计决策中的参与方式分为“参与”“合作”“咨询”“未知”四类。其中，“参与”指直接参与设计方案评审等具体设计决策，实质性推动设计方案的选择和迭代；“合作”指未直接参与具体设计决策活动，但主动提供设计决策相关信息，有效促进设计方案的选择和迭代；“咨询”指未参与具体设计决策活动，但通过被调研或被访问等形式，被动提供与设计决策直接相关的信息；“未知”指没有参与设计决策或没有为设计决策提供任何有效信息，但利益相关。

综上所述，四种参与方式中的决策主体参与决策的深度和意愿是不同的，影响设计决策的途径和参与度也不同。“参与”是以直接表达意见的方式参与设计决策活动，是一种直接的参与形式；“合作”“咨询”是以提供信息的方式参与决策活动，是间接的参与形式。

实验以调查问卷的形式进行，采用选择性抽样进行数据收集。首先，要求受访者根据自身的经验对 11 类产品设计的利益相关者在设计决策中的参与方式进行选择；其次，对利益相关者参与方式的分布情况进行统计；最后，对参与方式进行赋值，计算每类利益相关者的决策参与度比较性数值，判断其在设计决策中参与程度的高低。

---

① 刘红岩 . 公民参与的有效决策模型再探讨 [J]. 中国行政管理，2014(1): 102-105.

② 张文勤，石金涛，宋琳琳，等 . 团队中的目标取向对个人与团队创新的影响——多层次研究框架 [J]. 科研管理，2008(6): 74-81，100.

（二）问卷受访者（被试者）的基本情况

受访者包括相关设计公司及制造企业的中高层管理人员，共有68人参与了问卷调查，被试者的性别、背景、从业时间等基本情况如表3.3所示。中高层管理人员一般是对设计项目进行全面监管的职能角色，与产品设计的利益相关者之间一般有工作交集，因此对他们在设计决策中的参与程度有着更准确的认识。从受访者的基本资料中可以看出，来自设计公司与制造企业的受访者占比分别为40%和60%，分布较为均匀，因此调查结果既能代表设计公司主导的设计项目的实际状况，也能代表制造企业主导的设计项目的实际情况，保证了调查结果的客观性。大约79%的受访者的从业时间超过五年，说明有相当一部分受访者具有丰富的行业经验，因此对利益相关者的决策参与度的判断也更为准确。

表3.3 受访者基本情况统计

类别		人数/人	占受访者总人数的比例/%
性别	男	53	78
	女	15	22
背景	设计公司	27	40
从业时间	制造企业	41	60
	1—5年	14	21
	5—10年	35	51
	10年以上	19	28

（三）问卷调查结果

问卷共发出68份，回收有效问卷68份。汇总调查结果，分别对每类利益相关者的参与方式进行统计，可知利益相关者在设计决策中参与方式的分布情况（见图3.2）。

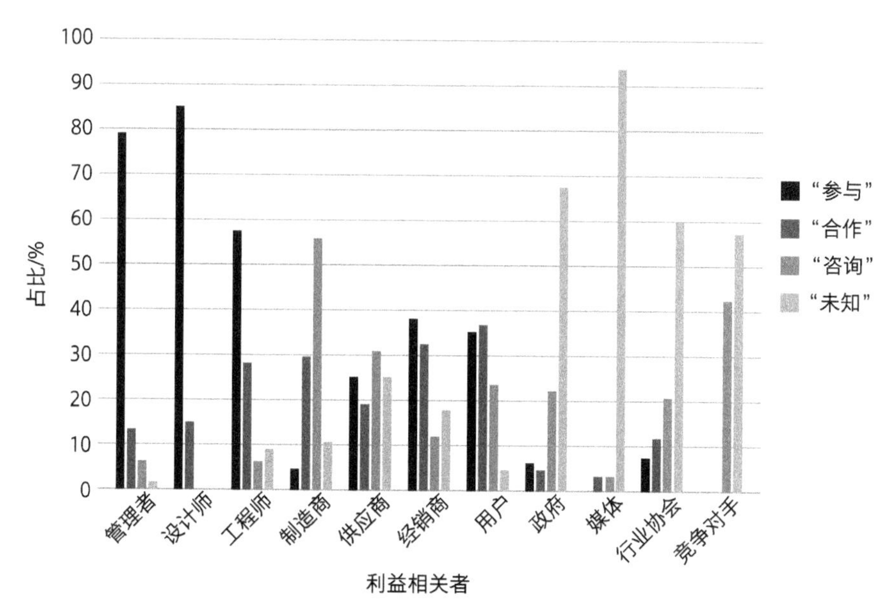

图 3.2 利益相关者在设计决策中参与方式的分布

图 3.2 直观地反映出利益相关者在设计决策中的参与方式。其中，管理者、设计师、工程师主要以“参与”的方式参与设计决策，占比分别为 79.4%、85.3%、57.4%（数据均为约数，下同），远大于其他利益相关者，符合社会常识，是参与深度和意愿最高的群体。在“合作”的参与方式中，占比较高的是工程师、制造商、经销商、用户，占比分别为 28%、29.4%、32.4%、36.8%。在“咨询”的参与方式中，占比较高的是制造商、供应商、竞争对手，占比分别为 55.9%、30.9%、42.6%。政府、媒体、行业协会、竞争对手的主要参与方式为“未知”，占比分别为 67.6%、94.1%、60.3%、57.4%。调研数据的直观意义有以下三点：第一，在设计决策上，以“参与”方式参与决策的主要是管理者、设计师和工程师，前两者占比更高而且相近，是决策参与度最高的两个群体。第二，倾向于“合作”和“咨询”参与方式的群体多，但占比不高，约为 30%。第三，倾向于“未知”参与方式的群体也不少，而且占比较高。直

观数据对于分析虽然有一定的意义，但是不够科学。所以实验采用量化方式对 11 类利益相关者的决策参与度进行计算。

第一，对参与方式进行赋值。由实验设计对四类参与方式的解释可知："参与""合作""咨询""未知"四类参与方式中既有主动参与也有被动参与，有明确发挥实质作用的参与，也有作用未知的参与。因此，"参与""合作""咨询""未知"四类参与方式所代表的决策参与度是从高到低逐级区分的。利用 4—1 对四类参与方式的参与度进行赋值，则 $W_i=\{W_{“参与”}=4，W_{“合作”}=3，W_{“咨询”}=2，W_{“未知”}=1\}$。需要特别说明的是，决策参与度的作用在此处是作为利益相关者的比较性数值，其目的是筛选出参与度较高的利益相关者作为本书决策主体的研究范围，并非对决策参与度本身进行讨论。因此，本书中采用的这种等阶梯度赋值是一种笼统、形式化的赋值方法，并不代表四种参与方式参与程度的差异是等距的。

第二，计算每类利益相关者的决策参与度比较性数值。假设受访总人数为 n，某利益相关者在每类参与方式上获得的票数可表示为 n_e^i（$e=1,2,\cdots,11$；$i=$"参与"，"合作"，"咨询"，"未知"）。每类参与方式在受访总人数中所占的比例为 $\frac{n_e^i}{n}$（$e=1,2,\cdots,11$；$i=$"参与"，"合作"，"咨询"，"未知"）。利益相关者的决策参与度的比较性数值为 $F_e=\sum_i \frac{n_e^i}{n} W_i$（$e=1,2,\cdots,11$；$i=$"参与"，"合作"，"咨询"，"未知"）。通过计算获得每一类利益相关者的决策参与度比较性数值（见表 3.4）。

表 3.4　利益相关者的决策参与度比较性数值

利益相关者类型	设计师	工程师	管理者	制造商	供应商	经销商	用户	政府	媒体	行业协会	竞争对手
比较性数值	3.85	3.34	3.70	2.28	3.19	2.91	3.03	1.48	1.03	1.67	1.43

根据参与方式赋值以及决策参与度计算公式，若实验结果中的利益相关者参与方式全部为“参与”，则其决策参与度比较性数值为极大值，即 $F_{max}=4$。若参与方式全部为“未知”，则其决策参与度比较性数值为极小值，即 $F_{min}=1$。比较性数值的中位数 $F=(F_{max}+F_{min})/2=2.5$。为了更好地进行比较研究，本书选择比较性数值达到中位数以上的利益相关者作为本书的设计决策主体研究范围。实验数据表明，决策参与度比较性数值处于中位数以上的利益相关者有设计师、工程师、管理者、供应商、经销商、用户。

（四）实验结果和结论

产品设计决策的决策主体主要包括六类利益相关者。六类利益相关者的决策参与度从高到低排序依次是设计师（3.85）、管理者（3.70）、工程师（3.34）、供应商（3.19）、用户（3.03）、经销商（2.91）。对实验结果进行分析可以看出，决策参与度不仅存在高低的差异，还存在显性（直接）和隐性（间接）的差异。

第一，设计师、管理者、工程师主要以直接的“参与”方式为主（占比分别为85.3%、79.4%、57.4%），参与度比较性数值分别为3.85、3.70、3.34。这表明被试者认为，这三个角色群体直接参与设计方案评审等具体设计决策，所提出的意见会得到明确的反馈，从而实质性推动设计方案的选择和迭代，具有显性（直接）的设计决策参与度。这个结果符合对一般设计的认识。在决策实践中，设计师、管理者和工程师往往同属一个设计项目或同一公司，对设计方案进行评审是其工作的重要任务，同时也具备直接参与设计决策的时间条件和地理条件。

第二，供应商、经销商、用户主要以间接参与的形式，即通过“合作”（占比分别为19.1%、32.4%、36.8%）、“咨询”（占比分别为30.9%、11.8%、23.5%）、“未知”（占比分别为25%、

17.6％、4.4％）的方式参与设计决策，参与度比较性数值分别为3.19、2.91、3.03，参与度比较性数值相当。这表明被试者认为，这三个角色群体虽然并不直接参与设计决策，但他们的影响力是客观存在的，或者说他们在一定程度上分散了决策权，拓展了设计决策的领域范围，具有隐性（间接）的设计决策参与度。

结合参与方式的分布来看，显性（直接）或隐性（间接）的决策参与度并不是基于决策主体的职能角色而固定不变的，其中不乏一些不同于一般设计认知的现象。

具有显性（直接）设计决策参与度的决策主体（设计师、管理者、工程师）也会以间接的方式参与设计决策。一般认为，设计师是设计决策最重要的参与者和执行者，直接参与设计决策活动。然而实验结果表明，设计师也以“合作”的方式（占比为14.7％）进行设计决策，即只提供部分信息，而不直接作出决策。相较于设计师，管理者较少直接参与设计决策，更多地以“合作”“咨询”和“未知”的方式（占比分别为13.2％、5.9％、1.5％）进行参与，但其决策参与度并没有显著低于设计师。实验结果还表明，工程师采用直接参与和间接参与方式的比例几乎各占一半（占比分别为57.4％、42.6％），但其依然具有较高的决策参与度。

具有隐性（间接）设计决策参与度的决策主体也会以直接的方式参与设计决策。实验结果表明，供应商、经销商、用户以直接“参与”的方式参与设计决策的占比也不小，分别为25％、38.2％、35.3％。部分受访者表示邀请设计项目之外的相关人员参与设计评审会议已逐渐成为设计工作中的常态。对产品设计来说，来自供应商、经销商、用户的信息反馈一般是滞后的，因为只有产品批量生产或投放市场之后才会获得来自以上三类利益相关者的反馈信息。从资源投入的角度来看，产品设计研发的过程是不可逆的，供应商、经销商、用户直接参与前期的设计决策更有利于获得设计的成功。

目前，互联网技术的发展也提高了间接参与设计决策的决策主体以直接方式参与设计决策的可行性，如以视频会议等方式直接参与设计决策活动。需要承认的是，在决策实践中，供应商、经销商、用户的决策参与度有逐步提高的趋势。

研究结果表明，所有的利益相关群体都具有某种决策参与权，设计决策是多个利益相关者参与的决策。决策参与度不仅存在高低的差异，还存在显性（直接）和隐性（间接）的差异。显性（直接）和隐性（间接）的决策参与度都对设计决策产生了实质性的作用，在很大程度上决定了设计结果的走向。然而，不同于一般的设计认知的是，显性（直接）或隐性（间接）的决策参与度并不是基于角色标签而固定不变的，而是根据决策的条件和需要发生变化的。这一结论对设计实践具有重要的意义，在设计决策的实际条件下，识别特定的利益相关者角色并对每类角色的决策参与度和利益诉求进行细致的研究与分析是设计决策实践关注的重点。Donaldson 和 Preston 也认为利益相关者在个体属性上具有动态性，因此需要在不同的组织背景与时序状态下准确识别[①]。值得注意的是，这个研究结果是基于问卷调查而得出的，更接近于被调研对象的决策参与度，不能完全等同于实际设计决策的复杂情景下所能得到的结果。本书决策主体研究的主要目的是通过决策参与度识别产品设计决策的决策主体，为本书研究提供一个适当的范围。对于其他设计领域，也可采用此研究方法，根据领域特点识别特定的决策主体。

第三节 设计决策动机与决策主体利益诉求

设计决策的复杂性和有序性集中反映了决策主体的群体构成和

---

① Donaldson T, Preston L E. The Stakeholder Theory of the Corporation: Concepts, Evidence, and Implications [J]. Academy of Management Review, 1995(1): 65-91.

群体关系，而决策动机和利益诉求是这种群体关系的“运行机制”。从这个意义上讲，决策主体参与决策的深度和意愿都取决于决策群体的决策动机与利益诉求。

以库恩的范式理论为基础来看今天的设计领域，可以发现工业设计正面临着一场“范式转移”的变革[①]。综合化是现代工业设计发展的趋势，自然科学和人文科学等多学科交叉，科学、技术、文化、艺术、商业等信息被高度整合[②]，并行设计与协同设计成为未来设计的主要范式[③]。Gardien 等认为，可持续发展的福祉的实现不仅要在个人层面上，还要在社会层面上改变行为[④]。在新的设计范式下，政府、社会、企业、个体之间形成了利益关联体，当前工业设计所面临的挑战是如何权衡多方利益，重新构筑基于利益共享的设计合作新模式。如同设计本身，设计决策也是一个利益兼顾和利益博弈的过程。本节提出决策主体的利益诉求就是设计决策的行为动机，并对利益的概念和利益诉求的主体性、客体性与关系性进行了深入讨论，为本书关于利益诉求的研究进行了基础性的铺垫。

一、利益相关者的决策动机与利益诉求

产品设计决策行为关系（见图 2.21）表明，决策主体的动机、立场形成了设计价值产生的动力，是展开决策行为的依据。在决策实践中，决策主体往往根据自身的期望水平而不是某些具体的评估

---

① 库恩．科学革命的结构［M］．金吾伦，胡新和，译．北京：北京大学出版社，2003.

② 何人可．走向综合化的工业设计教育［J］．装饰，2002（4）：14-15.

③ 潘云鹤，孙守迁，包恩伟．计算机辅助工业设计技术发展状况与趋势［J］．计算机辅助设计与图形学学报，1999（3）：57-61.

④ Gardien P, Djajadiningrat J P, Hummels C C M, et al. Changing Your Hammer: The Implications of Paradigmatic Innovation for Design Practice［J］. International Journal of Design, 2014(2): 119-139.

结果作出决策[①]。作为有限理性的核心概念的期望水平是指决策主体所期待获得的结果[②]。资源依赖理论认为，利益相关者在对组织活动进行资源投入（如人力、物力、时间等物质资源或个人的情感等精神资源）的同时，也期待从结果中获得相应的利益作为资源投入的回报。资源投入与利益回报可以描述为利益相关者与其组织活动之间的关联要素[③]（见图 3.3）。

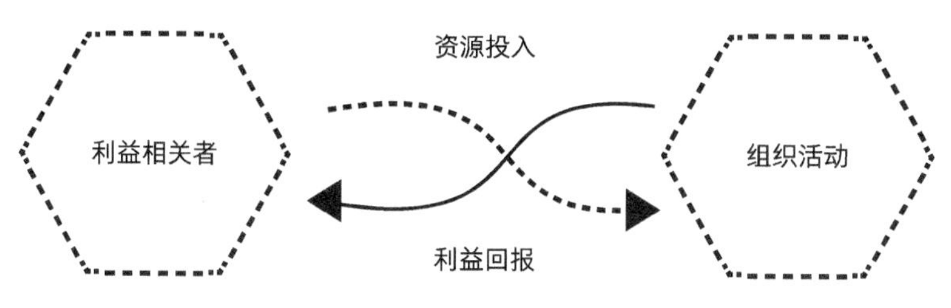

图 3.3　资源投入与利益回报

利益是在管理学和社会学领域被广泛应用的概念，从现有文献可以看出，当前许多针对主体行为的研究是基于利益的维度进行的[④]。弗里曼（Freeman）最早从利益的维度出发，对利益相关者行为进行描述和分析，考察多个利益相关者可以被觉察的利益范围，对利益相关者的行为和行为结果进行衡量。结合弗里曼的观点，盛亚提出，利益相关者从创新结果中获得相应的利益，激励其对创新活动做出积极的反应和支持，促使创新结果更符合自身利益[⑤]。这

---

① Brown D B, Giorgi E D, Sim M. Aspirational Preferences and Their Representation by Risk Measures [J]. Management Science, 2012(11): 2095-2113.

② Simon A H. Rational Choice and the Structure of the Environment [J]. Psychological Review, 1956(2): 129.

③ Pfeffer J, Salancik G. The External Control of Organizations: A Resource Dependence Perspective [M]. New York: Harper & Row, 1978.

④ 郎淳刚，席酉民，毕鹏程．群体决策过程中的冲突研究 [J]. 预测，2005(5): 1-8.

⑤ 盛亚．企业技术创新管理：利益相关者方法 [M]. 北京：光明日报出版社，2009.

反映了创新主体（利益相关者）与创新对象（创新活动和创新结果）之间的关系。

本书研究的决策主体是设计决策的利益相关者，他们以不同的方式参与设计决策活动，并以一定的形式对设计活动进行资源投入（见表3.1）。根据资源依赖理论的观点，决策主体期待从设计活动的结果中获得某种利益。由弗里曼及盛亚的观点可知，这种利益就是决策主体在设计决策中所期待获得的结果，激励其在决策中做出相应的行为。因此可以认为，利益驱动了决策主体的决策行为，是设计决策的行为动机。

二、利益诉求的概念类别

本书对于利益的研究主要采用“利益诉求”这一表述，相对于“利益”一词，“利益诉求”这一表述更加侧重于利益的表达和测量。而设计决策的利益诉求是指决策主体对决策对象的价值预期，是决策主体希望获得的利益回报。设计决策研究更多关注的是作为决策主体行为动机的利益。因此，设计决策中的利益只能通过利益诉求的方式表示，即决策主体所表达的利益。

牛津词典中对“interest(利益)”一词的解释是对某人（或某物）的好结果或益处。在《现代汉语词典》中，“利益”一词被解释为和“弊”与“害”字含义相对立的“好处”。从词源学的角度来讲:“利”字表示使用农具采集果实或收获庄稼，可引申为对人有用的行为和事物;“益”字同“溢”字，指水漫出容器之外，可引申为增加或增值。可见,“利”字表达了质的概念，表示对人有好处的物；而“益”字表达了量的概念，表示好处有所增加[①]。因此利益可被广义地理解为是已存在的好处或潜在的好处。

---

① 董立刚.利益概念研究述评[J].福建商业高等专科学校学报，2009(5): 92-95.

利益的概念源于中世纪神学家奥古斯丁和阿奎那的思想，是作为社会哲学的基础概念而被提出的。最初的哲学家认为利益是一种道德范畴，来源于人内心的强烈的贪婪[①]。柏拉图广泛地使用了利益的概念，提出利益是社会哲学的本质概念，表现为人进行社会活动的动因[②]。马基雅维里借助于现实主义与早期商业的发展，基于商业逻辑对利益进行了重新定义，将利益的概念从道德哲学层面推向更广的应用范围[③]。孟德斯鸠认为，利益是在理性参与下的诸多欲望间相互制约的稳定机制，个人利益支配个人行为，群体利益支配群体行为，公共利益支配国家行为，这在道德问题、认识问题上都是成立的[④]。这种观点使利益具有了某种社会机制的含义，也就是说，在处理个人、集体、国家等的社会关系问题时，利益是不可忽略的事实因素。亚当·斯密从本体论角度将利益理解为需求的对象所带来的收益，使利益概念具有了物质效用的含义，利益转变为个人内心所能体会的好处和对需求对象的评价[⑤]。以上这些对利益的描述是将利益视为个人在一定的客观条件下的理性与非理性因素之间对立统一、相互制约的关系。这也是西方诸多哲学家通过观察社会生活、思考社会现象，基于人性本身赋予利益的特定的概念。

在东方文化的背景下，利益则有着更为宽泛的解释。孔爱国和邵平在经济利益三大命题[⑥]的基础上，将利益的范畴扩大为：利益是一切社会学科的核心、一切人类活动的核心、一切人类关系的核

① 高鹏程．西方知识史上利益概念的源流［J］．天津社会科学，2005(4)：21-26，104．
② 柏拉图．理想国［M］．郭斌和，张竹明，译．北京：商务印书馆，1986．
③ 马基雅维里．君主论［M］．潘汉典，译．北京：商务印书馆，1985．
④ 孟德斯鸠．论法的精神［M］．张雁深，译．北京：商务印书馆，1961．
⑤ 聂文军．“亚当·斯密问题”的逻辑张力［J］．伦理学研究，2003(1)：102-107．
⑥ 洪远朋．经济利益关系通论［M］．上海：复旦大学出版社，1999．

心[①]。柳冠中提出，设计是解决问题的行为，引导人类社会健康合理地发展[②]。和谐、文明、可持续是设计为人、社会、自然所带来的利益。利益不仅体现了人与人之间的关系，还体现了人与社会，以及人与自然界之间的关系。

对于什么是利益以及如何界定利益的概念等问题，学界并没有达成共识。针对利益诉求的概念，也没有唯一的定义，需要依据研究目的，在一定的研究背景下对其概念进行定义和描述。本书所讨论的利益诉求的概念并不局限于狭义的经济利益，而是从广义的视角对利益和利益诉求进行定义与讨论。

三、利益诉求的主体性、客体性、关系性

本小节综合多领域对利益概念的解释和定义，从主体性、客体性和关系性三个方面对利益诉求的内涵进行讨论，为利益诉求的定性和定量研究进行基础性的铺垫。

（一）利益诉求的主体性

利益诉求的主体性主要是指从人类社会存在的主体层面体现出的利益产生的心理诱因，主要表现为利益主体的需要。马克思和恩格斯提出，生产活动的本质就是生产用于满足人的需要的资料[③]。其中“需要”一词指的是人在行为活动中的目的和动机，也就是直接意义上的利益。《中国大百科全书：哲学》中对利益概念的哲学解释

---

① 孔爱国，邵平．利益的内涵、关系与度量［J］．复旦学报（社会科学版），2007(4)：3-9.

② 柳冠中．从“造物”到“谋事”——工业设计思维方式的转变［J］．苏州工艺美术职业技术学院学报，2015(3)：1-6.

③ 马克思，恩格斯．马克思恩格斯选集［M］．中共中央马克思恩格斯列宁斯大林著作编译局，译．北京：人民出版社，1995.

是，通过各种社会关系所表现出的需要[①]。大量研究也证明了利益与需要之间有着本质的联系[②]，因此可以通过需要来恰当地定义利益诉求的概念。

总之，利益诉求的主体性表明要从人的主观需求来定义利益，强调了人的需求和欲望是利益产生与利益实现的重要因素。第一，主体的需要确立了利益诉求的目标，在客观条件相同的情况下，利益诉求是由主体不同的主观需要决定的；第二，主体追求和实现利益诉求的活动是具备主观能动性的，利益诉求的实现依赖于主体的主观行为。因此，设计决策中，在决策主体进行资源投入后，期待获得的利益通过诉求表达，通过群体行为和群体关系（包括决策力）达成利益共识，推动设计价值形成，整个设计决策过程是人的主体性活动。

（二）利益诉求的客体性

利益诉求的客体性是指利益的形态是由客观物质存在决定的。一种朴素的观点认为，能带给人快乐的事物就是利益。18世纪的法国哲学家爱尔维修认为利益表现在使人们感到快乐、减少痛苦的事物上。霍尔巴赫认为，能实现自己幸福的东西就是利益[③]。还有一些学者认为，利益是满足主体需要的客观对象，即对人具有一定意义的各种资源或有益事物的统称。例如，经济利益就是满足人们经济

---

① 中国大百科全书出版社编辑部，中国大百全书总编辑委员会《哲学》编辑委员．中国大百科全书：哲学［M］. 北京：中国大百科全书出版社，1998.

② 锡克．经济—利益—政治［M］. 王福民，王成稼，沙吉才，译．北京：中国社会科学出版社，1988；赵奎礼．利益学概论［M］. 沈阳：辽宁教育出版社，1992；凌厚锋，蔡彦士．论利益格局的变化与调适［M］. 福州：福建教育出版社，1996；王浦劬．政治学基础［M］. 北京：北京大学出版社，1995；沈宗灵．法理学研究［M］. 上海：上海人民出版社，1990.

③ 霍尔巴赫．自然的体系［M］. 管士滨，译．北京：商务印书馆，1999.

需要的一切社会劳动成果的统称。

总之，利益诉求的客体性观点认为满足主体需要的物质对象是利益诉求的直接形态。一方面，利益诉求产生与存在的基础是物质生产，满足物质利益诉求的资源是客观的物质；另一方面，满足精神利益诉求的职位、荣誉、制度等资源也都是以一定的客观物质条件为基础的。因此，设计决策利益诉求的客体性主要是指决策对象通过三个维度的价值属性来对设计价值进行表示，即决策对象为满足决策主体利益诉求的价值表达。

（三）利益诉求的关系性

利益诉求的关系性表明，利益诉求是一种关系的集合，一方面反映了主客体之间的关系，另一方面反映了主体之间的社会关系。

第一，主体和客体的联系是利益诉求产生与存在的必要条件。只有通过对社会劳动成果的占有才能够实现社会主体自身的存在和发展，社会主体与社会劳动成果之间的这种关系就是利益[①]。也就是说，利益诉求是客观事物在主体需求中的反映。这实质上是一种关系的体现，即客体对主体的有用关系、满足关系和主体对客体的需要关系、接纳关系之间的对立与统一。

第二，利益诉求的形成和交换实现于社会关系，是社会关系的反映。利益是一定的客观对象在主体需要之间进行分配时所形成的具有一定性质的社会关系的形式[②]。以客体为媒介，某一主客体关系会对其他的主客体关系产生作用和影响，从而形成主体之间的社会关系。

总之，利益诉求的关系性是从主客体关系和主体间关系两个方面表现的。决策主体和决策对象构成的决策系统（见图 2.1）实际上

---

① 李淮春. 马克思主义哲学全书［M］. 北京：中国人民大学出版社，1996.

② 王伟光. 利益论［M］. 北京：人民出版社，2001.

体现了利益诉求的主客体关系。产品设计决策的群体性特点导致多主体之间产生了利益关系。

综上所述，只有充分地认识利益内涵的本质，才能科学地理解利益诉求的概念。对利益诉求的讨论可从主体性、客体性和关系性三个方面展开。基于利益诉求的主体性观点，利益诉求离不开主体的需求，主体需求的差异导致在相同情形下所形成的利益诉求不同，追求和实现利益的手段与方式也各不相同。基于利益诉求的客体性观点，利益诉求离不开客观物质条件，客体属性的差异会导致利益诉求的差异。基于利益诉求的关系性观点，利益诉求在主体与客体以及主体与主体间建立了一定的关系链接，利益冲突、利益协调、利益博弈等都是在主客体关系及主体社会关系下产生的利益关系。

第四节 利益诉求的定性分析

对利益诉求进行定性研究的主要目的是在产品设计决策的语境下对利益诉求进行定义。本书通过决策主体利益诉求访谈实验，采用半结构化的深度访谈方法对六类决策主体进行调研，研究利益诉求的存在形式和基本属性。

一、访谈实验过程

首先通过预访谈的形式来确定访谈问卷的基本内容和形式，以便了解什么样的提问方式是受访者易于接受和理解的。预访谈选择了五名受访者，其中，两名为设计公司的管理者，一名为具有十年以上驾驶经验的汽车用户，一名为摩托车经销商，一名为汽车造型设计师。通过预访谈调整提问内容，以期与实验目的相符。最终确定了三个开放式的访谈题目。

第一，您是否期待新设计带给您一定的好处？

第二，新设计能带给您什么好处？

第三，您希望从新设计中获得什么好处？

需要解释的一点是，利益诉求这个概念具有较强的专业性，在进行预访谈时受访者往往不能准确理解该词的含义，需要访问者进一步解释。结合利益的概念内涵，在最终的访谈题目中，用“好处”一词替换了“利益”，使受访者更容易理解访谈问题。

本实验从摩托车、微型电动车、汽车三个行业中选择了21名受访者，覆盖了构成决策主体的六类角色（设计师、工程师、管理者、供应商、经销商、用户）。为了保证实验结果的信度，每类角色的受访者人数基本均衡，所选择的受访者至少参与了一个完整的产品设计项目周期并有两年以上的相关工作经验（见表3.5）。

表3.5　受访者基本情况

类型		人数/人	占受访者总人数的比例/%
性别	男	14	67
	女	7	33
角色	设计师	4	19
	工程师	4	19
	管理者	3	14
	供应商	3	14
	经销商	3	14
	用户	4	19

注：由于数据不保留小数，所以角色项下各类型主体的比例之和不为1，但其实际数据之和为1。

访谈实验在访谈题目的基础上进行，采用了一对一当面访问和电话访问两种形式。通过录音与录像的方式对访谈过程及对话内容进行记录，并采用访谈笔记作为对话内容的信息补充。在实际的访谈中，当受访者的回答偏离主题时，须及时终止。例如，某位设计师在阐述其期待获得的好处时，提到了领导的认可，由此联想到当前设计项目中受到的不公正的待遇，导致话题偏离。对于这类现象，需要马上停止记录，并引导受访者继续专注于对访问题目的阐述。当受访者的回答过于笼统的时候，访问者要依据受访者的描述对其进行追问，以求获得更为准确和详细的回答。例如，某用户回答："我希望新的汽车能带给我快乐。"访问者继续追问："您觉得汽车的什么方面能让您感到快乐呢？能举例说明吗？"受访者回答："比如不会剐蹭，让我这种技术不好的人驾驶起来也可以轻松自如。"访谈现场情景如图 3.4 所示。

图 3.4　访谈现场

二、访谈实验数据分析

访谈的第 1 题是是非题，答案易于甄别，100% 的受访者的回答为"是"。这个结果说明了在产品设计中，决策主体的利益诉求是存在的，对决策主体利益诉求的研究是可信的。

第 2—3 题为开放式问题，本书采用了质性研究中扎根理论的研究方法，对收集的访谈数据进行分析。扎根理论是从经验资料中建立理论的一种系统方法[①]，经验资料一般来源于利用深入访谈或观察

① Glaser B G, Strauss A L. The Discovery of Grounded Theory: Strategies for Qualitative Research [J]. Social Forces, 1967(4): 28-36.

的方法收集的数据[①]，根据需要有针对性地对数据进行归纳和编码，最终形成某种理论或某种模型。该模型能够准确地描述现实世界的现象，并得到了实质性数据的充分支持。因此，扎根理论在社会科学以及设计研究中被广泛应用[②]。

本实验基于一个研究假设，即利益诉求是被访者语言叙述中的重要组成部分，因此需要尽可能地寻找支持这一假设的数据内容。在原始访谈数据中，有两种表达利益诉求的语言类型。在某些情况下，一个简洁的语句就清晰地表达了一种利益诉求。经销商关于高利润的语言描述本身就很清楚地表达了一个特定的利益诉求（见表 3.6）。

表 3.6　编码示例一

角色	语言示例	利益诉求
经销商	我希望新车型能够带来更高的利润	短期经济收益

更多的情况属于对利益诉求的暗示，需要结合上下文，甚至是对话等更大范围的语言叙述来提取语句中所隐含的利益诉求。工程师在一开始就提到了他人的肯定态度，在进一步的追问下，其表达了他人的肯定态度带来的正向的情感体验（见表 3.7）。虽然工程师并没有明确地指出，但从整段对话中可看出这种正向的情感体验来自他人对自己的职业认同。因此，工程师的部分精神利益诉求来源于职业认同感。

① Wong J F. The Text of Free-Form Architecture: Qualitative Study of the Discourse of Four Architects [J]. Design Studies, 2010(3): 237-267.

② Lee K C K, Cassidy T. Principles of Design Leadership for Industrial Design Teams in Taiwan [J]. Design Studies, 2007(4): 437-462.

表 3.7　编码示例二

角色	语言示例	利益诉求
工程师	要说好处就是他们觉得我的作用还挺重要的。我们这个岗位平时也没有什么存在感，别人觉得我重要也算是满足了我的虚荣心吧，还是挺得意的	职业认同感

对全部访谈数据进行编码发现，决策主体的利益诉求可分为三类：实用性利益诉求、经济性利益诉求、精神性利益诉求（见表 3.8）。

表 3.8　利益诉求的类别

分类	细分	语言示例
实用性利益诉求（58%）	便利性	开车太累了，我很难集中精力，如果新方案能解决这个问题就好了
	性能优良	现在一次充电最多用两天，有时候还觉得没充上，一下午就没电了，这是动力还是电池问题我不知道，就是希望新产品更耐用
实用性利益诉求（58%）	兴趣满足感	现有的产品都太普通了，我比较喜欢个性的东西，平时也会改装车，希望新方案酷一点，能和我的风格相衬
	身份认同感	我是不会开车的，这种车像是汽车又不要驾照，就很适合我，别人还会觉得这个老头挺时髦的
经济性利益诉求（16%）	短期经济收益	物美价廉当然是最大的好处了 希望新产品能产生更高的利润，说白了就是多挣钱
	长期经济收益	配合新产品的研发，希望能够与主机厂建立长期的合作关系 新产品带来独立的知识产权，这让我们企业将来有更好的发展
精神性利益诉求（26%）	能力胜任感	老板和同事都觉得我很有能力，这让我觉得非常满足
	职业认同感	我的设计被大家接受让我觉得很自豪，很有成就感

（一）实用性利益诉求

实用性利益诉求指的是面向产品客观存在的利益诉求。对访谈资料进行编码发现，58% 的利益诉求是从实用角度出发对产品功能、形态等物质条件的追求，包括便利性、优良性能、兴趣满足感、身份认同感等。便利性指的是指使用过程中减少操作步骤、降低操作难度、减少使用时间等。性能优良是指产品或其功能可被衡量的优越性[①]，优良的性能可以避免不愉悦的使用过程，带给人们顺畅感、安全感等正向的产品使用体验。兴趣满足感指的是产品带给人的享受和乐趣，是一种情绪上的愉悦体验[②]。身份认同感指个人声誉得到的肯定，Goffman 提出，人们使用商品作为他们在实际联系中相对位置的标记，通过为产品建立声誉，即塑造受人尊敬和荣誉的形象[③]，从而拥有一种象征性的资本满足。

（二）经济性利益诉求

经济性利益诉求指的是可用货币衡量的利益诉求。对访谈资料进行编码发现，16％的利益诉求集中于对产品经济效益的追求，其中包括短期经济收益和长期经济收益。短期经济收益指的是产品直接带来的经济利益，如买方希望用更少的钱获得更好的产品和服务、卖方希望获得更高的利润等。长期经济收益指的是由新设计所带来的回报周期更长的经济利益，例如：新产品带来的核心技术和独立的知识产权能够促进企业的发展；产品研发使得上下游产业链的关系更为紧密等。经济性利益诉求并不强调产品本身能够实现什么功能以及具有何种形态，而是更多地关注商业环境中产品的风险和营销收益。

---

① Jacoby J, Olson J C. Perceived Quality: How Consumers View Stores and Merchandise [M]. Lexington: Lexington Books, 1985.

② Fishwick M. Emotional Design: Why We Love (or Hate) Everyday Things [J]. The Journal of American Culture, 2004(2): 234.

③ Goffman E. Frame Analysis: An Essay on the Organization of Experience [M]. Cambridge: Harvard University Press, 1974.

（三）精神性利益诉求

精神性利益诉求指的是通过设计工作中的正向情感体验获得的精神满足。对访谈资料进行编码发现，26％的利益诉求集中于设计过程中所体验到的能力胜任感和职业认同感。White认为，那些具有强烈成就需求和挑战欲望的个体能从完成工作中体验到胜任感，从而使得参与活动具有自我奖励的性质[①]。能力需求、自主需求得到满足所收获的积极情绪体验就是对参与活动的最好奖励[②]。在设计项目中，一些决策主体以自身所具备的专业知识和能力参与设计决策，所追求的是设计结果的科学性和合理性，其利益诉求集中于个人意志的实现。

研究还发现，利益诉求与产品价值属性具有一定程度的关联。在回答期待从新设计中获得什么好处时，受访者经常会提到特定的产品价值属性。表3.9摘录了三段具有代表性的原始语料，从中可以看出，受访者指出特定的产品价值属性作为利益诉求的来源，并且假设一种语境，列举在该语境下产品价值属性是如何适应自身行为以及满足自身需求的。第一段语料描述的是产品的使用语境，列举了若干产品功能，构成了驾驶场景中实用性利益诉求的来源。第二段语料描述的是产品交换的商业语境，产品的新造型和新技术构成了商业运营环境中经济性利益诉求的来源。第三段语料描述的是产品设计的工作语境，产品造型和产品的创新性构成了设计工作中精神性利益诉求的来源。

---

① White R W. Motivation Reconsidered: The Concept of Competence [J]. Psychological Review, 1959(5): 297-333.

② Ryan R M, Deci E L. Self-Determination Theory and the Facilitation of Intrinsic Motivation, Social Development, and Well-Being [J]. American Psychologist, 2000(1): 68-78.

表 3.9 语料分析

语料摘录	价值属性	利益诉求	语境
开车太麻烦了，我很容易走神，专注度不够。我希望新产品能够更方便一点，让我轻松一点。性能可靠的自动驾驶功能、识别人和车的防撞功能我都特别需要，如果有自动停车就更好了。家务、工作、带孩子实在太累了，路上开车就简单一点，能让我的生活也轻松些	产品功能	实用性利益诉求	使用语境
新的产品设计是造型或是技术的创新和突破，可以带来独立的知识产权和独立的核心技术，一方面可以扩大市场份额，带来更高的经济效益，另一方面也可以吸引更多的合作机会和资本进驻。这对我们的长远发展起到积极的作用，这是新产品带来的最大的利益	新造型、新技术	经济性利益诉求	商业语境
设计一款很有创意的或者造型非常有亮点的新产品对设计师来说是实现了自我价值，毕竟这是我的工作，而且设计新产品的过程也能让我接触一些不同的东西，也可以说是从专业领域实现自我的突破。这些都让我觉得满足	产品造型、产品创新性	精神性利益诉求	工作语境

注：有波浪下划线的文字是对价值属性的描述，有直线下划线的文字是对利益诉求的描述。

三、访谈实验研究结论

决策主体利益诉求访谈实验的研究结果表明，决策主体的利益诉求是存在的，对利益诉求的研究是可信的。利益诉求的类型可归纳为实用性利益诉求、经济性利益诉求和精神性利益诉求。其中，58% 的利益诉求为实用性利益诉求，主要指产品功能、形态等物质条件，包括便利性、性能优良、兴趣满足感、身份认同感；16% 的利益诉求为经济性利益诉求，包括短期经济收益和长期经济收益；26% 的利益诉求为精神性利益诉求，反映为在设计过程中所体验到的成就感和职业认同感。由于利益诉求的存在形式不同，利益诉求的语境和表达形式也不同。利益诉求的语境可以归纳为使用语境、商业语境和工作语境。虽然决策主体的利益诉求是多样化的，但所有的利益诉求都可以归纳为特定语境下，决策主体在决策对象上的需求投射，是一种情景化的意识形态。其中，实用性利益诉求是使用语境下决策主体对决策对象的需求投射，经济性利益诉求是商业语境下决策主体对决策对象的需求投射，精神性利益诉求是工作语境下决策主体对决策对象的需求投射（见图 3.5）。

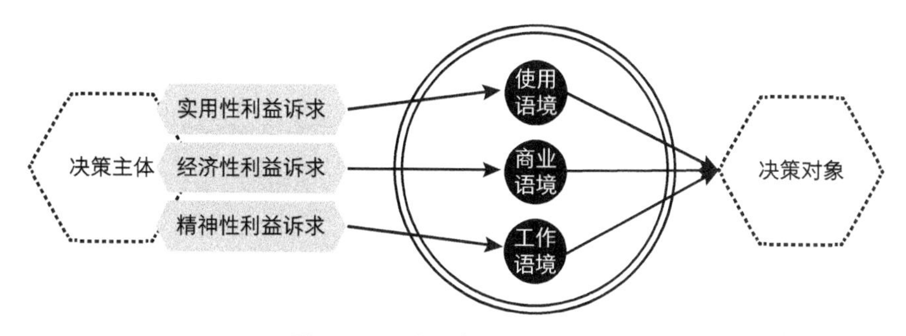

图 3.5 利益诉求的类型与语境

产品设计决策的利益诉求就是决策主体期待通过决策对象的价值属性来满足的各种要求。设计决策不仅是对设计方案的专业性判断和评价，还反映了对决策主体不同的利益诉求的考量。

第五节 利益诉求的量化研究

对利益诉求进行量化研究的主要目的是通过对决策主体利益诉求实现途径的研究，对六类决策主体的具体利益诉求进行详细说明。采用实证研究的方法对决策主体的利益诉求进行量化测算，并试图确定一种测量利益诉求的有效途径。Haley 提出，可通过因果关系而不是描述性的因素来确定主体利益[①]。因此，本节基于决策主体的利益诉求和决策对象价值属性的相关性研究建立决策主体利益诉求的测量方法。首先，构建概念模型，提出研究假设；其次，发放决策

① Haley R I. Benefit Segmentation: A Decision-Oriented Research Tool [J]. Journal of Marketing, 1968(3): 30-35.

主体利益诉求与决策对象价值属性关系研究调查问卷；最后，统计问卷调查所收集的数据并采用 SPSS 16.0 统计软件进行数据分析。

一、利益诉求的概念模型与研究假设

（一）利益诉求与价值属性的概念模型

Stylidis 等提出，在整个设计策略中，设计所传达的价值可为不同角色提供一致性目标[①]。在决策沟通的过程中，不同的主体会给决策对象赋予不同的价值含义。因此，决策主体的利益诉求和决策对象的价值属性之间存在多种复杂的关联。从这个意义上讲，决策对象可以是设计师的作品、制造商的产品、销售商的商品、用户的使用物品。

从利益诉求的主体性来看，利益诉求是源于决策主体的，不同的决策主体具有不同的利益诉求。从利益诉求的客体性来看，决策对象是满足决策主体需求的客观物质存在，产品的价值属性被视为利益的暗示或指标[②]。从利益诉求的关系性来看，决策对象是决策主体利益诉求的来源。本书基于定性研究的结果构建了利益诉求和价值属性概念模型（见图 3.6），决策主体利益诉求与决策对象价值属性存在关联，两者之间具有相关性，其中涵盖了六类决策主体的利益诉求和三个维度的价值属性。本研究以决策对象的价值属性为自变量，以决策主体的利益诉求为因变量，对两者间的关系进行实证研究，对六类决策主体的利益诉求进行度量，并进一步分析利益诉求的特点和利益关系。

---

① Stylidis K, Hoffenson S, Wickman C, et al. Corporate and Customer Understanding of Core Values Regarding Perceived Quality: Case Studies on Volvo Car Group and Volvo Group Truck Technology [J]. Procedia CIRP, 2014(1): 171-176.

② Zeithaml V A. Consumer Perceptions of Price, Quality, and Value: A Means-End Model and Synthesis of Evidence [J]. Journal of Marketing, 1988(3): 2-22.

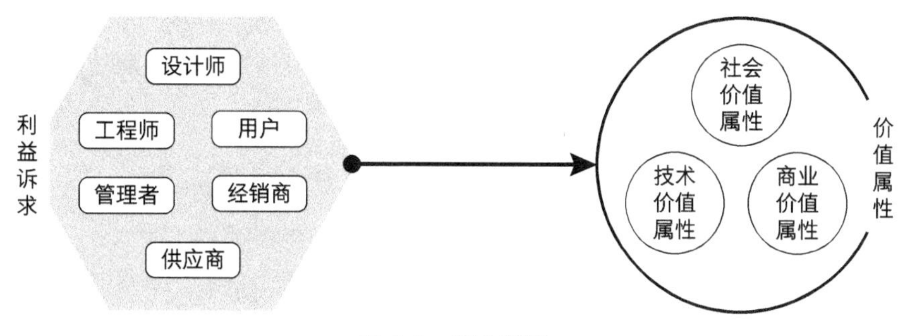

图 3.6 概念模型

（二）研究假设

决策对象价值属性与设计师利益诉求的关系。设计师是接受过设计教育、拥有设计经验、具备专业化的设计知识和设计技能的人。工作主要集中在创意、构思及相关的视觉表达阶段。设计师是产品造型设计方案的创造者，专注于捕捉设计需求、抽象设计问题，并对问题进行设计求解，通过专业的知识和技能赋予设计方案良好的功能、风格和意义。决策对象反映了设计师工作的结果，是对设计师工作能力和专业技能水平的集中体现，因此提出以下研究假设。

H1：决策对象价值属性与设计师利益诉求具有相关性。

H1a 社会价值属性与设计师利益诉求具有相关性。

H1b 技术价值属性与设计师利益诉求具有相关性。

H1c 商业价值属性与设计师利益诉求具有相关性。

决策对象价值属性与工程师利益诉求的关系。在设计实践中，工程设计与产品造型设计是同步进行的。工程师从技术角度判断设计方案是否具有可行性和可操作性，检查内部结构与外部形式相关联的可行性和可操作性，根据造型需要调整内部结构布局，同时需兼顾产品的适用性等问题，完成设计方案由设计原型到工程原型的转变。与设计师相似，决策对象也反映了工程师工作的结果，集中体现了工程师的工作能力和技术水平，因此提出以下研究假设。

H2：决策对象价值属性与工程师利益诉求具有相关性。

H2a 社会价值属性与工程师利益诉求具有相关性。

H2b 技术价值属性与工程师利益诉求具有相关性。

H2c 商业价值属性与工程师利益诉求具有相关性。

决策对象价值属性与管理者利益诉求的关系。管理者对设计项目进行了资金和资源支持，提供资金支持的同时承担着投资的风险，其利益诉求来源于设计项目能够带来的收益。产品的附加价值是利润回报的主战场，这是学界和商界的普遍共识。而产品的价值属性决定了其商业附加值的高低，因此提出以下研究假设。

H3：决策对象价值属性与管理者利益诉求具有相关性。

H3a 社会价值属性与管理者利益诉求具有相关性。

H3b 技术价值属性与管理者利益诉求具有相关性。

H3c 商业价值属性与管理者利益诉求具有相关性。

决策对象价值属性与供应商利益诉求的关系。供应商是为制造商提供配套零件的企业组织。在现代工业的大环境下，供应商与制造商形成了产业化的供应链条。供应商与制造企业之间一方面是基于买卖供需的利益共享关系，另一方面是基于设计信息支撑的风险共担关系，产品质量的提高与供应商开发能力之间具有一定的关联。设计结果与供应商利益之间也应当具有一定程度的相关性，因此提出以下研究假设。

H4：决策对象价值属性与供应商利益诉求具有相关性。
H4a 社会价值属性与供应商利益诉求具有相关性。
H4b 技术价值属性与供应商利益诉求具有相关性。
H4c 商业价值属性与供应商利益诉求具有相关性。

决策对象价值属性与经销商利益诉求的关系。经销商掌握产品分销的商业渠道，是产生商业利润的重要环节。在实际的商业状况下，经销商作为产品制造的下游链条和商业合作伙伴，只有从新设计中获得更多的利益，才能使合作关系保持得更长久，从而形成良性的商业循环，因此提出以下研究假设。

H5：决策对象价值属性与经销商利益诉求具有相关性。
H5a 社会价值属性与经销商利益诉求具有相关性。
H5b 技术价值属性与经销商利益诉求具有相关性。
H5c 商业价值属性与经销商利益诉求具有相关性。

决策对象价值属性与用户利益诉求的关系。设计遵循以人为本的原则，产品设计通常是由一系列需求推动的，产品设计的根本目的就是将用户需求转化为产品属性。决策对象与用户利益诉求之间具有紧密的关联，因此提出以下研究假设。

H6：决策对象价值属性与用户利益诉求具有相关性。
H6a 社会价值属性与用户利益诉求具有相关性。
H6b 技术价值属性与用户利益诉求具有相关性。
H6c 商业价值属性与用户利益诉求具有相关性。

二、问卷设计及数据收集

本研究通过问卷调查的形式展开，分析决策主体利益诉求与决策对象价值属性的关系。决策主体利益诉求与决策对象价值属性关系研究调查问卷的内容由三个部分构成：第一部分为受访者的基本资料；第二部分为自变量题项，即决策对象价值属性；第三部分为因变量题项，即决策主体利益诉求。第一部分为选择题，第二部分和第三部分采用李克特量表法[①]，针对各题项，构建了包含五个响应级别的衡量尺度，1—5 依次表示从程度非常低到程度非常高的评分（问卷内容见附录）。

对利益诉求进行测量的前提是建立有效的测量工具。本书尝试将决策对象的价值属性和决策主体的利益诉求转化为可被度量的指标，对利益诉求进行有效的测量。其中，价值属性题项以决策对象价值属性量表为基础。为保证测试问卷的可靠性，首先在专家团队中进行了小范围的试调研，以期使问卷具有较高的适用性。专家团队包括设计公司负责人、销售经理、设计师、技术负责人、用户代表等。专家团队对问卷的内容均表示了认可和肯定，认为价值属性量表从描述上具有较强的针对性，也最大限度地概括了决策对象的全部价值属性。调研团队在小范围试调研过程中发现，问卷中对价值属性和利益诉求的描述应当具有一定程度上的可判断性，以便于受访者对每个问题给出客观的评价。例如，将“使用功能”这一描述变为“使用功能的优劣程度”；将“设计师利益诉求”这一描述变为“设计师利益诉求的实现程度”。虽然两者表达的意思相同，但对受访者来说，后者更易于被理解为是要求其在程度上进行判断。最终确定了关于决策对象价值属性的十个题项和关于决策主体利益诉

① 亓莱滨．李克特量表的统计学分析与模糊综合评判［J］. 山东科学，2006(2)：18-23，28.

求的六个题项，为实证研究奠定了基础（见表 3.10 和表 3.11）。

表 3.10　决策对象价值属性题项

维度	题项
社会维度	审美风格的优劣程度
	情感意义的优劣程度
	文化内涵的优劣程度
技术维度	结构布局的优劣程度
	生产工艺的优劣程度
	操作方式的优劣程度
	使用功能的优劣程度
商业维度	成本的高低
	价格的高低
	品牌价值的高低

表 3.11　决策主体利益诉求题项

类型	题项
利益诉求	设计师利益诉求实现程度
	工程师利益诉求实现程度
	管理者利益诉求实现程度
	供应商利益诉求实现程度
	经销商利益诉求实现程度
	用户利益诉求实现程度

本研究以用户调查的形式进行数据收集，以调查问卷为收集工具，采用定向调研和抽样调研的方式发放问卷。调查回收问卷 243 份，在剔除存在缺失值的问卷后，得到有效问卷 228 份。本研究采取了以下几项控制措施，以保证调查结果具有较高的可信度和有效性。

（一）调研样本选择

工业产品的研发周期与销售周期较长，产品开发需要经历产品设计、模具制作、样机生产、小批量试产等试制过程，通常在设计项目完成半年之后才能批量进入商业市场，再经过半年左右的商业推广、网点分布、销售等商业行为才能得到有效的销售数据与用户反馈。因此，对价值属性实现程度的判断是滞后的。本研究选取了已完成并已获得充分的市场反馈信息的产品设计项目作为研究对象，以保证调查结果具有较高的可信度和有效性。

（二）受访者选择

产品设计决策主体包括设计师、工程师、管理者、供应商、销售商、用户六类角色，来自不同领域个体的不同观点有利于得到相互补充的数据[①]。本研究结合了配额抽样以及滚雪球抽样方法对受访者进行抽样，尽量选择差别化较大的受访者。例如：设计师受访者一部分来自企业内部的设计部门，另一部分来自独立的设计公司；对于供应商受访者，选择不同行业的零部件供应商等。从受访者角色统计结果来看，本书讨论的六类决策主体占样本数量的99%，保证了调研结果的全面性和客观性。从受访者从业时间以及设计项目参与程度的统计结果来看，调研样本在各指标中基本呈现均匀分布的状态，这使得调研结果的全面性和客观性程度更高（见表3.12）。

---

① Miller C C, Cardinal L B, Glick W H. Retrospective Reports in Organizational Research: A Reexamination of Recent Evidence [J]. Academy of Management Journal, 1997(1): 189-204.

表 3.12　受访者基本情况

类别		人数 / 人	占受访者总人数的比例 /%
角色	设计师	105	46
	工程师	29	13
	管理者	32	14
	供应商	11	5
	经销商	9	4
	用户	39	17
	其他	3	1
从业时间	1 年以内	66	29
	1—5 年	41	18
	6—10 年	34	15
	11 年及以上	87	38
设计项目参与程度	从头至尾参与	80	35
	参与部分环节	91	40
	了解设计项目但未直接参与	57	25

（三）问卷发放控制

问卷调研采用实地发放纸质问卷和电子问卷相结合的形式，对重点目标企业，研究人员携带问卷至目标企业，要求受访者现场填写问卷，并直接回收问卷。这一方面降低了受访者由于主观认知而造成的误判，另一方面也提高了受访者在问卷填写时态度的严肃性，保证了问卷填写内容具有较高的可信度和有效性。对其他由于客观条件和时间限制，无法亲赴企业进行实地调研的受访者，采用电子问卷方式进行调研。鉴于与多数被访企业具有良好的合作关系，原始数据的真实性和可靠性得到了最大限度的保证。

三、信度与效度分析

信度和效度是统计分析中常用的两种检测指标，在进行问卷分析前通常需要检查问卷的信度和效度，以确保调查的质量。

（一）信度分析

信度分析用于验证测量数据和结果的稳定性与可靠性。一般用克隆巴赫 α 系数来衡量信度的大小，信度系数越大表明测量的可信程度越大。克隆巴赫 α 系数的值小于 0.6 表示信度非常不好，0.6—0.7 是最小可接受值范围，0.7—0.8 表示信度较好，0.8 以上表示信度非常好[①]。因此，一份信度系数好的量表或问卷的信度系数最好在 0.8 以上。

本书采用 SPSS 软件对原始数据进行信度分析（见表 3.13 和表 3.14）。价值属性与利益诉求题项的克隆巴赫 α 系数的值分别为 0.861 和 0.835，均在 0.8 以上，说明问卷具有较好的信度。

表 3.13　价值属性题项的信度分析

名称	校正项总计相关性 (CITC)	项已删除的 α 系数	克隆巴赫 α 系数
审美风格的优劣程度	0.431	0.855	0.858
情感意义的优劣程度	0.449	0.855	
文化内涵的优劣程度	0.600	0.842	
结构布局的优劣程度	0.554	0.846	
生产工艺的优劣程度	0.520	0.848	
操作方式的优劣程度	0.622	0.841	
使用功能的优劣程度	0.715	0.835	
成本的高低	0.583	0.843	
价格的高低	0.586	0.843	
品牌价值的高低	0.639	0.838	

① Eisinga R, Grotenhuis M T, Pelzer B. The Reliability of a Two-Item Scale: Pearson, Cronbach, or Spearman Brown? [J]. International Journal of Public Health, 2013(4): 637-642.

表 3.14　利益诉求题项的信度分析

名称	校正项总计相关性（CITC）	项已删除的 α 系数	克隆巴赫 α 系数
设计师利益诉求实现程度	0.442	0.838	0.833
工程师利益诉求实现程度	0.581	0.811	
管理者利益诉求实现程度	0.680	0.790	
供应商利益诉求实现程度	0.769	0.771	
经销商利益诉求实现程度	0.492	0.830	
用户利益诉求实现程度	0.697	0.789	

（二）效度分析

效度分析用于验证测量工具的有效性，反映了测量工具能够在多大程度上测量相关概念的真实含义。本书通过因子分析，对问卷的内容效度进行检验，来验证所选题项是否准确地反映了被测量变量的特性。首先，对 KMO 值（用来评估变量间相关性的统计量）进行分析，高于 0.7 说明效度高，0.6—0.7 说明效度可接受，小于 0.6 说明效度不佳[①]。其次，进行巴特利特球形度检验，当显著性概率 $p<0.01$ 时，说明相关矩阵与单位矩阵有显著差异，可以做因子分析。如果因子分析结果与研究心理预期基本一致，则说明问卷具有良好的效度。

价值属性题项的效度分析结果表明，价值属性的 KMO 值为 0.773，表明该题项的效度较好。同时，巴特利特球形度检验的显著性概率是 0.001，适合进行因子分析（见表 3.15）。

① 周俊. 问卷数据分析——破解 SPSS 的六类分析思路［M］. 北京：电子工业出版社，2017.

表 3.15　价值属性的巴特利特球形度检验

检验名称		数值
巴特利特球形度检验	近似卡方	477.342
	df	45
	p 值	0.001

价值属性因子分析的统计结果表明，决策对象价值属性十个题项被提取为三类因子，参见表 3.16 中的灰色色块。因子 1 由第 4、5、6、7 题组成，反映了决策对象的技术价值属性；因子 2 由第 1、2、3 题组成，反映了决策对象的社会价值属性；因子 3 由第 8、9、10 题组成，反映了决策对象的商业价值属性。因子分析结果与研究预期完全一致，说明本题项的效度良好（见表 3.16）。

表 3.16　价值属性构成要素因子分析

研究项	因子载荷系数		
	因子 1	因子 2	因子 3
审美风格的优劣程度	0.051	0.560	0.295
情感意义的优劣程度	0.067	0.883	0.012
文化内涵的优劣程度	0.101	0.806	0.317
结构布局的优劣程度	0.910	− 0.024	0.241
生产工艺的优劣程度	0.879	− 0.047	0.244
操作方式的优劣程度	0.785	0.438	0.003
使用功能的优劣程度	0.626	0.549	0.202
成本的高低	0.170	0.147	0.870
价格的高低	0.163	0.154	0.875
品牌价值的高低	0.249	0.382	0.632
方差解释率 /%	27.427	24.302	22.677
累计方差解释率 /%	27.427	51.728	74.405

利益诉求题项的效度分析结果表明，利益诉求实现程度的 KMO 值为 0.735，表明该题项的效度较好。同时，巴特利特球形度检验的

显著性概率是 0.001，适合进行因子分析（见表 3.17）。

表 3.17　利益诉求的巴特利特球形度检验

检验名称		数值
巴特利特球形度检验	近似卡方	289.91
	df	15
	p 值	0.001

利益诉求因子分析的统计结果表明，六个题项同属一项影响因子，共同反映了决策主体的利益诉求，与研究预期一致，这意味着本题项的效度良好（见表 3.18）。

表 3.18　利益诉求构成要素因子分析

研究项	因子载荷系数（因子 1）
设计师利益诉求实现程度	0.537
工程师利益诉求实现程度	0.762
管理者利益诉求实现程度	0.834
供应商利益诉求实现程度	0.865
经销商利益诉求实现程度	0.594
用户利益诉求实现程度	0.828
方差解释率 /%	55.856

四、回归分析

在统计学中，回归分析用于研究 X（自变量）对 Y（因变量）的影响，包括是否存在影响关系，以及影响方向和影响程度如何。本书采用线性回归对前面所提出的研究假设进行验证。线性回归首先要对回归模型进行 F 检验：如果模型的 $p<0.05$，其意味着模型中至少有一个 X 会对 Y 产生影响，则该回归模型有意义；如果模型的 $p>0.05$，其意味着模型中的 X 均不会对 Y 产生影响，则该回归模型没有意义。p 值和 t 值用于判断每个 X 的显著性，$p<0.05$ 说明 X 与 Y 之间具有相关关系，$p<0.01$ 说明 X 与 Y 之间具有显著的相关关系，t 值则表示了 X 对 Y 产生影响的大小。本书以决策对象价值属性为自变量，并以决策主体利益诉求为因变量建立回归模型，对决策对象价值属性与决策主体利益诉求之间的相关关系进行分析。

（一）价值属性与设计师利益诉求的回归分析

如表 3.19 所示，F 值为 8.482，$p=0.001<0.01$，表明回归模型存在显著的线性关系，具有统计意义。回归系数显示：审美风格、情感意义、品牌价值对设计师的利益诉求具有显著的影响（$p<0.01$）；文化内涵、操作方式、使用功能对设计师的利益诉求具有一般程度的影响（$p<0.05$）。因此，本研究提出的假设 H1 得到了部分支持。

表 3.19　价值属性与设计师利益诉求的回归分析

类别		非标准化系数		标准化系数	t 值	p 值	R^2	F 值
		B	标准误	Beta				
社会价值属性	审美风格的优劣程度	0.521	0.101	0.466	5.183	0.001**	0.702	F（10,75）=8.482，p=0.001
	情感意义的优劣程度	0.320	0.107	0.322	2.996	0.004**		
	文化内涵的优劣程度	0.329	0.124	0.436	2.648	0.011*		
技术价值属性	结构布局的优劣程度	0.173	0.219	0.148	0.793	0.430	0.219	
	生产工艺的优劣程度	0.047	0.177	0.046	0.266	0.791		
	操作方式的优劣程度	0.410	0.182	0.337	2.256	0.027*		
	使用功能的优劣程度	0.368	0.172	0.291	2.139	0.035*		

续表

类别		非标准化系数		标准化系数	t 值	p 值	R^2	F 值
		B	标准误	Beta				
商业价值属性	成本的高低	0.082	0.146	0.084	0.565	0.574	0.148	$F(10,75)=8.482$，$p=0.001$
	价格的高低	0.081	0.155	0.080	0.521	0.603		
	品牌价值的高低	0.345	0.115	0.379	3.012	0.003**		

注：* 表示 $p<0.05$，** 表示 $p<0.01$。

创造性的想象是设计师思维的重点，具有多变性、实验性、冒险性等特点[①]。设计师通过设计行为对产品的美学意义、功能意义、象征意义等进行诠释[②]。设计师的职业素质要求设计师具有对需求的敏感性、充分的艺术知识、对审美的感悟能力，以及对创新的热情。设计师对产品进行创造，通过尝试和发掘新的创新方案，期待实现创造更美好的世界的理想。在设计决策中，设计师总是那个竭尽全力希望产品有趣、优雅、具有美感的角色，更注重设计方案的造型表达及外观形式所表达的情感内涵；使用功能和操作方式体现了设计的创新性，也是产品设计的核心内容；品牌包括了产品所表现的特定个性，因此品牌价值也是设计师关注的重点。以上这些价值属性既是设计师工作的重点，也是对设计师工作能力和职业价值的认可，构成了设计师利益诉求的来源。

（二）价值属性与工程师利益诉求的回归分析

如表 3.20 所示，F 值为 15.108，$p=0.001<0.01$，表明回归模型

① Zimmermann A, Raisch S, Birkinshaw J. How Is Ambidexterity Initiated? The Emergent Charter Definition Process [J]. Organization Science,2015(4):1119-1139.

② Homburg C, Schwemmle M, Kuehnl C. New Product Design: Concept, Measurement, and Consequences [J]. Journal of Marketing: A Quarterly Publication of the American Marketing Association, 2015(3): 41-56.

存在显著的线性关系，具有统计意义。回归系数显示：结构布局、生产工艺对工程师的利益诉求具有显著的影响（$p<0.01$）；而其余价值属性对工程师的利益诉求没有影响。因此，只有假设 H2b 得到了部分支持。

表 3.20 价值属性与工程师利益诉求的回归分析

类别		非标准化系数		标准化系数	t 值	p 值	R^2	F 值
		B	标准误	Beta				
社会价值属性	审美风格的优劣程度	0.231	0.143	0.194	1.617	0.110	0.037	$F(10,75)=15.108$，$p=0.001$
	情感意义的优劣程度	0.007	0.152	0.007	0.047	0.962		
	文化内涵的优劣程度	0.014	0.142	0.014	0.098	0.922		
技术价值属性	结构布局的优劣程度	0.406	0.114	0.392	3.569	0.001**	0.713	
	生产工艺的优劣程度	0.704	0.133	0.641	5.309	0.001**		
	操作方式的优劣程度	0.177	0.136	0.137	1.301	0.197		
	使用功能的优劣程度	0.209	0.129	0.155	1.623	0.109		
商业价值属性	成本的高低	0.211	0.159	0.203	1.329	0.187	0.108	
	价格的高低	0.017	0.169	0.016	0.103	0.918		
	品牌价值的高低	0.156	0.125	0.160	1.246	0.216		

注：** 表示 $p<0.01$。

工程师依据技术条件、材料特性等工程因素，对从概念设计到实际产品的技术实现过程进行了技术协作支持。在此过程中，需要对产品的结构、部件进行工程设计和规划。工程师更关注产品布局的合理性、加工制造的难点以及工程技术的实现和可靠性要求。因此，结构布局和生产工艺是工程师利益诉求的主要来源。而社会价值属性与商业价值属性并非工程师的工作重点，与其利益诉求没有明显关系。

（三）价值属性与管理者利益诉求的回归分析

如表 3.21 所示，F 值为 6.670，$p=0.001<0.01$，表明回归模型存在显著的线性关系，具有统计意义。回归系数显示：审美风格、成本对管理者的利益诉求具有显著的影响（$p<0.01$）；文化内涵、使用功能、价格、品牌价值对管理者的利益诉求具有一般程度的影响（$p<0.05$）。因此，本研究提出的假设 H3 得到了部分支持。

表 3.21　价值属性与管理者利益诉求的回归分析

类别		非标准化系数		标准化系数	t 值	p 值	R^2	F 值
		B	标准误	Beta				
社会价值属性	审美风格的优劣程度	0.460	0.109	0.425	4.207	0.001**	0.321	F(10, 75)=6.670, p=0.001
	情感意义的优劣程度	0.011	0.116	0.012	0.098	0.922		
	文化内涵的优劣程度	0.219	0.108	0.239	2.017	0.047*		
技术价值属性	结构布局的优劣程度	0.036	0.209	0.032	0.172	0.864	0.214	
	生产工艺的优劣程度	0.115	0.169	0.115	0.682	0.497		
	操作方式的优劣程度	0.202	0.174	0.171	1.163	0.248		
	使用功能的优劣程度	0.374	0.164	0.305	2.276	0.026*		
商业价值属性	成本的高低	− 0.297	0.106	− 0.317	− 2.812	0.007**	0.536	
	价格的高低	0.343	0.136	0.351	2.518	0.014*		
	品牌价值的高低	0.218	0.101	0.247	2.166	0.033*		

注：* 表示 $p<0.05$，** 表示 $p<0.01$。

管理者是为设计活动出资的一方，所关注的根本问题是设计的投资收益问题。一方面，成本与价格是与投资收益直接相关的价值属性，是管理者利益诉求的直接来源。其中，成本与利益诉求是负向的相关关系，这意味着成本投入越少，管理者越能获得更多的利益，这与“低投入、高产出”的资本逐利目标是一致的。另一方面，商业价值是由基本价值和附加价值共同构成的。基本价值是产品生产所需的各类成本的总和。附加价值是在产品基本价值的基础上附加的新价值，通过增加产品功能、外观吸引力、文化价值、品牌价值等得以实现。因此，能提高附加值的价值属性也是管理者利益诉求的主要来源。这也解释了为什么审美风格与管理者利益诉求具有显著相关性，高颜值的设计方案能使管理者获得更多的利益。

（四）价值属性与供应商利益诉求的回归分析

如表 3.22 所示，F 值为 7.259，$p=0.001<0.01$，表明回归模型存在显著的线性关系，具有统计意义。回归系数显示：结构布局、生产工艺、成本对供应商的利益诉求具有一般程度的影响（$p<0.05$）；其余价值属性对供应商的利益诉求没有影响。因此，本研究提出的假设 H4b、H4c 得到了部分支持。

表 3.22　价值属性与供应商利益诉求的回归分析

类别		非标准化系数		标准化系数	t 值	p 值	R^2	F 值
		B	标准误	Beta				
社会价值属性	审美风格的优劣程度	0.146	0.151	0.117	0.968	0.336	0.029	$F(10,75)=7.259$，$p=0.001$
	情感意义的优劣程度	0.043	0.160	0.039	0.272	0.787		
	文化内涵的优劣程度	0.057	0.149	0.054	0.382	0.703		

续表

类别		非标准化系数		标准化系数	t 值	p 值	R^2	F 值
		B	标准误	Beta				
技术价值属性	结构布局的优劣程度	0.392	0.192	0.375	2.048	0.046*	0.382	$F(10,75)=7.259$，$p=0.001$
	生产工艺的优劣程度	0.280	0.136	0.236	2.063	0.045*		
	操作方式的优劣程度	0.081	0.180	0.060	0.451	0.653		
	使用功能的优劣程度	0.044	0.171	0.032	0.260	0.795		
商业价值属性	成本的高低	0.359	0.168	0.320	2.131	0.036*	0.192	
	价格的高低	0.232	0.158	0.212	1.464	0.147		
	品牌价值的高低	0.116	0.125	0.114	0.926	0.357		

注：* 表示 $p<0.05$。

制造业供应链的商业模式决定了零部件的采购花费包含在产品的生产成本之内，生产成本越高意味着制造商有更多的资金用于零部件采购，供应商可以获得更多的经济利益。因此，生产成本是供应商利益诉求的来源之一。Adler 首先提出了基于供应链的设计链的概念①，供应商所提供的零部件的规格和参数是支撑产品设计的基本技术条件。零部件供应商根据产品的设计需要，提供适合的零部件，零部件的设计与改良工作由供应商负责，供应商的技术能力、设计能力是产品设计的延伸。在设计实践中，借助供应商的技术、设计能力进行设计研发创新在许多行业已经成了一种常见的合作模式。供应商能否达成交易在一定程度上依赖于供应商在设计活动中的配合程度，即供应商所提供的零部件是否符合产品装配的技术要求并

① Adler P S. Interdepartmental Interdependence and Coordination: The Case of the Design/Manufacturing Interface［J］. Organization Science, 1995(2): 147-167.

能够满足相应的生产要求。因此，产品的结构布局和生产工艺也是供应商利益诉求的来源之一。

（五）价值属性与经销商利益诉求的回归分析

如表 3.23 所示，F 值为 8.626，$p=0.001<0.01$，表明回归模型存在显著的线性关系，具有统计意义。回归系数显示：审美风格、价格对经销商的利益诉求具有显著的影响（$p<0.01$）；使用功能、品牌价值对经销商的利益诉求具有一般程度的影响（$p<0.05$）。因此，本研究提出的假设 H5 得到了部分支持。

表 3.23 价值属性与经销商利益诉求的回归分析

类别		非标准化系数		标准化系数	t 值	p 值	R^2	F 值
		B	标准误	Beta				
社会价值属性	审美风格的优劣程度	0.399	0.127	0.335	3.144	0.002**	0.241	$F(10, 75)=8.626$，$p=0.001$
	情感意义的优劣程度	0.192	0.135	0.182	1.425	0.158		
	文化内涵的优劣程度	0.082	0.126	0.081	0.648	0.519		
技术价值属性	结构布局的优劣程度	0.177	0.227	0.142	0.782	0.436	0.262	
	生产工艺的优劣程度	0.227	0.183	0.206	1.235	0.220		
	操作方式的优劣程度	0.225	0.178	0.167	1.263	0.210		
	使用功能的优劣程度	0.442	0.188	0.341	2.350	0.021*		
商业价值属性	成本的高低	0.106	0.136	0.102	0.784	0.435	0.647	
	价格的高低	0.593	0.144	0.553	4.103	0.001**		
	品牌价值的高低	0.329	0.124	0.436	2.648	0.011*		

注：* 表示 $p<0.05$，** 表示 $p<0.01$。

在市场经济条件下，市场主体都是逐利的，经销商通过产品销售的方式获得相应的利益。价格是销售成果的具体表现，也是经销商利益诉求的主要来源，同时与高附加值直接相关的价值属性也是经销商利益诉求的主要来源。这与管理者的利益诉求具有一定程度的相似性。

（六）价值属性与用户利益诉求的回归分析

如表 3.24 所示，F 值为 8.282，$p=0.001<0.01$，表明回归模型存在显著的线性关系，具有统计意义。回归系数显示：审美风格、情感意义、操作方式、价格、品牌价值对用户的利益诉求具有显著的影响（$p<0.01$）；使用功能对用户的利益诉求具有一般程度的影响（$p<0.05$）。因此，本研究提出的假设 H6 得到了部分支持。

表 3.24　价值属性与用户利益诉求的回归分析

类别		非标准化系数		标准化系数	t 值	p 值	R^2	F 值
		B	标准误	Beta				
社会价值属性	审美风格的优劣程度	0.516	0.115	0.417	4.499	0.001**	0.426	$F(10,75)=8.282$，$p=0.001$
	情感意义的优劣程度	0.421	0.122	0.383	3.453	0.001**		
	文化内涵的优劣程度	0.034	0.114	0.033	0.301	0.764		
技术价值属性	结构布局的优劣程度	0.249	0.182	0.178	1.366	0.176	0.285	
	生产工艺的优劣程度	0.297	0.187	0.260	1.587	0.117		
	操作方式的优劣程度	0.644	0.192	0.479	3.349	0.001**		
	使用功能的优劣程度	0.540	0.232	0.417	2.331	0.022*		

续表

类别		非标准化系数		标准化系数	t 值	p 值	R^2	F 值
		B	标准误	Beta				
商业价值属性	成本的高低	0.090	0.156	0.083	0.576	0.566	0.200	$F(10,75)=8.282$，$p=0.001$
	价格的高低	−0.515	0.136	−0.521	−3.775	0.001**		
	品牌价值的高低	0.372	0.123	0.369	3.029	0.003**		

注：* 表示 $p<0.05$，** 表示 $p<0.01$。

用户是产品的使用者，用户需求是连接产品和用户的纽带。诺曼（Norman）认为设计对人需求的满足反映在三个水平上，分别是本能水平、行为水平和反思水平[①]。本能水平侧重于对产品审美特征的感知，主要通过审美风格表达；行为水平侧重于对产品使用的体验，通过操作方式体现；反思水平侧重于产品引发的对个人满意、自我形象等方面的回顾，情感意义和品牌价值是反思水平的体现。因此，以上几个方面的价值属性成为用户利益诉求的来源。此外，用户还是产品的消费者。消费者是产品供应链中的重要环节，消费者可以通过供求关系判断自己获得的利益[②]。当用户作为消费者进行购买时，总是希望花更少的钱换得更好的产品或服务。因此，价格与用户利益诉求之间为显著的负相关关系。这意味着价格越低，对用户越有利。

① 诺曼. 情感化设计［M］. 付秋芳，程进三，译. 北京：电子工业出版社，2005.

② Walter A, Ritter T, Gemunden H G. Value Creation in Buyer Seller Relationship: Theoretical Considerations and Empirical Results from a Supplier's Perspective［J］. Industrial Marketing Management, 2001(30): 365-377.

五、研究结果分析

（一）实证研究结果

前面通过 F 检验和回归系数 p 值分析了研究假设的验证结果，并分别对每个假设的验证结果加以诠释，此处我们对其进行总结，通过实证得到的结果如下所示（见表 3.25）。

表 3.25　研究假设的验证结果

研究假设	验证结果
H1：决策对象价值属性与设计师利益诉求具有相关性	
H1a 社会价值属性与设计师利益诉求具有相关性	成立
H1b 技术价值属性与设计师利益诉求具有相关性	部分成立
H1c 商业价值属性与设计师利益诉求具有相关性	部分成立
H2：决策对象价值属性与工程师利益诉求具有相关性	
H2a 社会价值属性与工程师利益诉求具有相关性	不成立
H2b 技术价值属性与工程师利益诉求具有相关性	部分成立
H2c 商业价值属性与工程师利益诉求具有相关性	不成立
H3：决策对象价值属性与管理者利益诉求具有相关性	
H3a 社会价值属性与管理者利益诉求具有相关性	部分成立
H3b 技术价值属性与管理者利益诉求具有相关性	部分成立
H3c 商业价值属性与管理者利益诉求具有相关性	成立
H4：决策对象价值属性与供应商利益诉求具有相关性	
H4a 社会价值属性与供应商利益诉求具有相关性	不成立
H4b 技术价值属性与供应商利益诉求具有相关性	部分成立
H4c 商业价值属性与供应商利益诉求具有相关性	部分成立
H5：决策对象价值属性与经销商利益诉求具有相关性	
H5a 社会价值属性与经销商利益诉求具有相关性	部分成立
H5b 技术价值属性与经销商利益诉求具有相关性	部分成立
H5c 商业价值属性与经销商利益诉求具有相关性	部分成立
H6：决策对象价值属性与用户利益诉求具有相关性	
H6a 社会价值属性与用户利益诉求具有相关性	部分成立
H6b 技术价值属性与用户利益诉求具有相关性	部分成立
H6c 商业价值属性与用户利益诉求具有相关性	部分成立

实证结果与预想的假设基本一致，总体来看，三个维度的价值属性与决策主体的利益诉求基本上都具有相关性。从具体的属性描

述来看，决策主体的利益诉求的实现途径分别来源于同一维度价值属性的不同侧面。研究结果表明，决策主体的利益诉求具有以下特点。

第一，决策主体的利益诉求存在较大差异。这种差异主要体现在三个方面。一是不同决策主体的利益诉求的实现途径来源于决策对象不同维度的价值属性，如社会价值属性是设计师利益诉求的主要来源，技术价值属性是工程师利益诉求的主要来源。二是不同决策主体的利益诉求的实现途径来源于决策对象同一维度价值属性的不同方面，如技术价值属性与供应商和经销商的利益诉求都具有相关性，但供应商的利益诉求主要来源于结构布局和生产工艺，而经销商的利益诉求主要来源于使用功能。三是不同决策主体利益诉求与同一价值属性的相关性程度存在差异，如结构布局与工程师利益诉求的显著性概率 $p=0.001<0.01$，属于显著相关关系，而与供应商利益诉求的显著性概率 $p=0.046<0.05$，属于一般相关关系。

第二，决策主体之间的利益诉求存在冲突。研究结果表明，决策主体的利益冲突集中体现在成本和价格两个方面。在成本这一价值属性上，管理者与供应商之间的利益诉求存在冲突；在价格这一价值属性上，管理者、经销商与用户之间的利益诉求存在冲突。

（二）利益诉求的特点

回归分析中的 t 值用于判断每个自变量的显著性，t 值越大表示该自变量的影响越显著。研究通过统计回归模型中的 t 值，对六类决策主体利益诉求实现途径的分布进行图形化表达（见图 3.7）。图 3.7 直观地表现了决策主体利益诉求实现途径的分布情况，每类角色的利益诉求其实是由十个维度上的值所共同形成的。

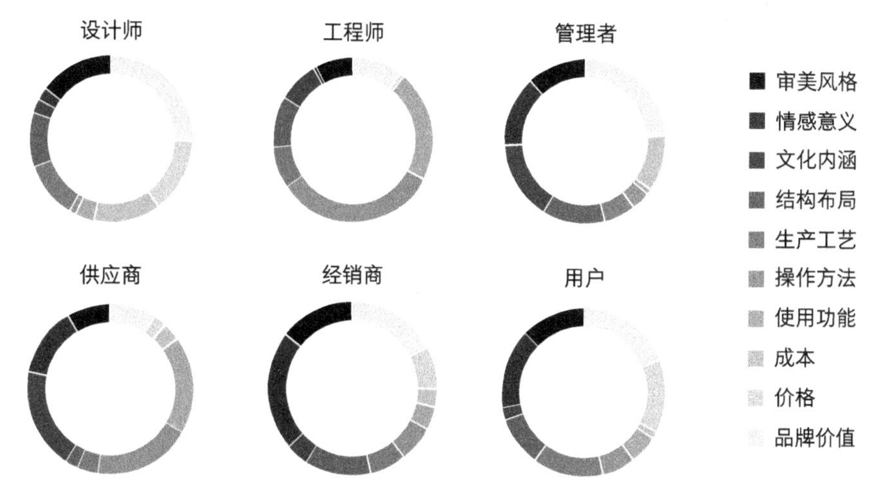

图 3.7 决策主体利益诉求实现途径的分布情况

本研究通过计算六类角色的利益诉求之间的距离对其关系进行判断。采用欧几里得度量测算十维空间中决策主体利益诉求的真实距离（见图 3.8）。距离数值越大表示两者间的利益关系越疏离，距离数值越小表示两者间的利益关系越紧密。结果表明：第一，用户和设计师的欧式距离数值较小，代表两者之间存在利益诉求的紧密关系或者相似性，因此可聚集为一类；第二，经销商和管理者的欧式距离数值较小，代表两者之间存在利益诉求的紧密关系或者相似性，因此可聚集为一类；第三，工程师和供应商有着各自相对独立的利益诉求。

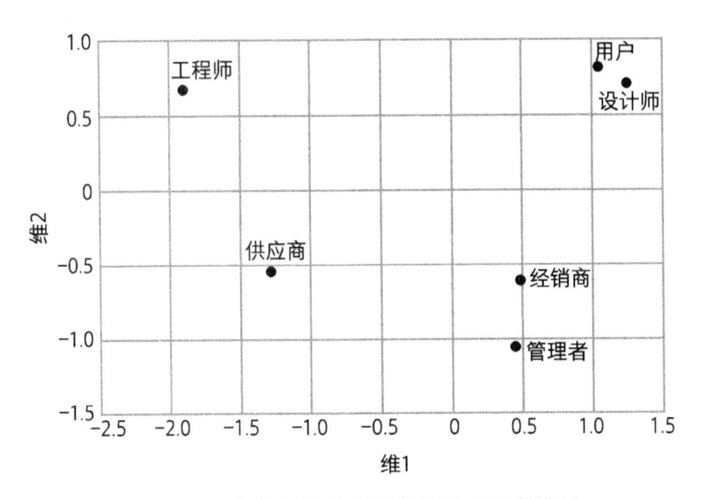

图 3.8 决策主体利益诉求的欧式距离模型

从设计决策是一个价值构架的角度来看：第一，将用户和设计师的利益诉求聚集为一类，可以看作是一种理想主义或者完美主义的诉求，是一种观念价值追求，而不是完全基于现实主义的利益算计，这一点至少在观念和问卷调查中表现得尤其突出。董雅丽和张强的实证研究也表明，品牌性消费观念和超前性消费观念对消费意向与消费行为均有正向的影响[①]。这个研究结果的另一个重要意义是，用户和设计师在价值观上具有某种近似的关系，类似于一种理想主义价值观。第二，将管理者和经销商的利益诉求聚集为一类，可以看作是一种现实主义的诉求，即一种商业的经济利益结构和价值体系[②]，也包括商业道德和社会责任。但是，商业利益是其利益诉求的立足点，是一种现实主义价值观。第三，工程师和供应商具有相对独立的利益诉求。工程师的利益诉求存在的理由就是技术的先进性和合理性，其诉求是技术主义的，可以看作是一种技术主义价值观。供应商的利益诉求存在的理由就是合同条件，其诉求是实用主义的，

① 董雅丽，张强．消费观念与消费行为实证研究［J］．商业研究，2011(8)：7-10.
② 王超．商业价值观［J］．IT 经理世界，2002(14)：12-19.

可以看作是一种实用主义价值观。价值观是人们用来选择、评估人和事件的标准，个人的价值观会影响他的选择和行为[①]。设计决策是一个价值构架，设计决策的根本问题是设计价值和决策主体的价值观问题。六类决策主体可以再聚类为四种价值观，即理想主义价值观、现实主义价值观、技术主义价值观和实用主义价值观，分别对应不同实现途径的利益诉求。

对欧式距离数值进行倒置，可以得到利益诉求之间的关系值，使用复杂网络分析工具 Gephi 绘制六类决策主体间的利益诉求关系图，对决策主体利益诉求间的关系进行量化表达（见图 3.9）。从图 3.9 中可以看出，六类决策主体的利益诉求呈现出网络关系的特性：关系值越大意味着利益诉求的相似程度越高，即决策主体之间具有一致性的利益诉求；关系值越小意味着利益诉求的相似程度越低，即决策主体之间具有差异化的利益诉求。设计既是群体创新活动，也是一个设计创新的概念。设计问题求解（设计创新）是由发散和收敛的迭代过程组成的。发散意味着产生不同的和差异化的概念，差异化的利益诉求是主要驱动力；收敛意味着多方案的选择和淘汰，一致性的利益诉求是主要驱动力。

① Schwartz S H. Universals in the Content and Structure of Values: Theoretical Advances and Empirical Tests in 20 Countries [J]. Advances in Experimental Social Psychology, 1992(25): 1-65.

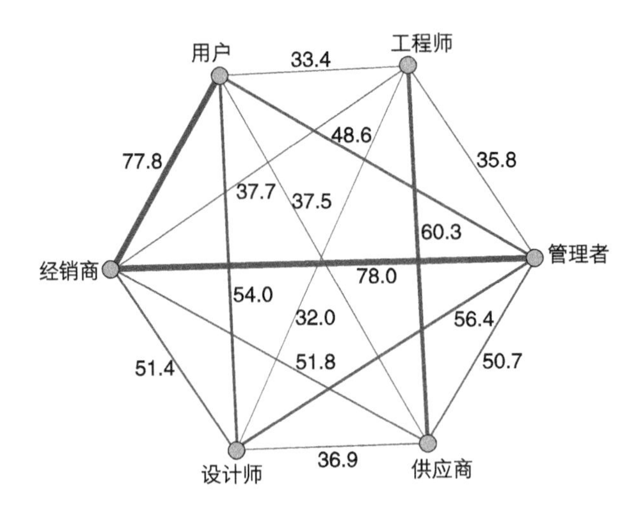

图 3.9 决策主体的利益诉求关系

利益诉求的量化研究结果表明了六类决策主体利益诉求的特点，决策对象的价值属性是利益诉求的实现途径，六类决策主体的利益诉求分别通过决策对象不同维度的价值属性得以实现。利益诉求是产品设计决策的行为动机，设计决策的过程和结果取决于决策主体的利益诉求。设计决策须围绕设计目标，决定如何在不同利益诉求之间高效推动设计的演化迭代，确保设计方向和结果的创新性、可行性。对决策主体的利益诉求及利益诉求之间的关系进行量化研究有助于在决策实践中更好地进行利益权衡与兼顾。

第六节 本章小结

本章主要研究产品设计决策的决策主体及其利益诉求。研究结果如下所示。

第一，设计活动就是一个能力体系或信息体系的集合，而集合的核心是投入和参与两个概念。利益相关者以一定的资源投入设计，包括货币、知识、经验、时间和技能，可归类为基于投入的设计决策利益相关者。研究抽取归纳了11类产品设计决策的利益相关者。利益相关者以一定的方式参与决策，包括参与、合作、咨询等，可归类为基于参与度的设计决策主体，研究识别了六类角色作为产品设计决策的决策主体，为本书研究提供了一个适当的范围。设计决策参与度实验数据分析表明，设计决策是多个利益相关者参与的决策，决策参与度不仅存在高低的差异，还存在显性（直接）和隐性（间接）的差异。问卷数据表明，被试者认为设计师、管理者、工程师三个角色群体直接参与设计方案评审等具体设计决策，实质性推动设计方案的选择和迭代，而且他们所提出的意见会得到明确的反馈，具有显性（直接）的参与度。供应商、经销商、用户三个角色群体虽然并不直接参与设计决策，但他们的影响力是客观存在的，或者说他们在一定程度上分散了决策权，具有隐性（间接）的参与度。显性（直接）或隐性（间接）的决策参与度并不是基于角色标签固定不变的，而是会根据决策的条件和需要发生变化，须在具体的决策情境中进行差别研究。

第二，研究提出了利益诉求的概念，在设计决策中，利益通过诉求表达，利益诉求更加侧重于利益的表达和测量。设计决策的复杂性和有序性集中反映了决策主体的群体构成与群体关系，而决策动机和利益诉求是这种群体关系的“运行机制”。利益诉求具有特定的理论前提，基于不同的研究目的，对利益诉求的定义和认知存在较大的差异。采用文献研究方法，从主体性、客体性和关系性三个方面对利益诉求的内涵进行归纳，为本书关于利益诉求的定性和定量研究做了基础性的铺垫。

第三，通过决策主体利益诉求访谈实验，对利益诉求进行定性分析。结果表明，决策主体的利益诉求是存在的，对利益诉求的研究是可信的。研究归纳了利益诉求的类型与语境：利益诉求的类型可归纳为实用性利益诉求、经济性利益诉求和精神性利益诉求；利益诉求的语境可以归纳为使用语境、商业语境和工作语境。利益诉求是决策主体在特定语境下面向决策对象的需求投射，是一种情景化的意识形态。

第四，通过决策主体利益诉求实证研究，对利益诉求进行量化研究。以决策对象价值属性为自变量，以决策主体利益诉求为因变量，建立了18个回归模型，对六类决策主体的利益诉求进行测度。研究假设的验证结果表明了六类决策主体各自利益诉求的特点。一是决策主体的利益诉求存在较大差异；二是在某些价值属性上决策主体之间存在利益冲突。对六类决策主体的利益诉求的差异进行量化分析，获得决策主体利益诉求的欧式距离模型，结果表明：一是用户和设计师存在利益诉求的紧密关系或者相似性，可聚集为一类；二是经销商和管理者也存在利益诉求的紧密关系或者相似性，也可聚集为一类；三是工程师和供应商存在相对独立的利益诉求。六类决策主体可以再聚类为四种价值观，即设计师与用户具有理想主义价值观、管理者和经销商具有现实主义价值观、工程师具有技术主义价值观、供应商具有实用主义价值观，分别对应不同实现途径的利益诉求。利益诉求作为产品设计决策的行为动机，设计决策需要围绕设计目标，决定如何在不同利益诉求之间高效推动设计的演化迭代，确保设计方向和结果的创新性与可行性。

第四章 产品设计决策力与设计价值生成

第一节 概述

本章研究拟解决本书的第三个学术问题：产品设计决策如何通过决策力创造设计价值?

决策主体在设计决策中的影响力被称为决策力。决策力作为一个设计研究问题，其内涵涉及决策权力、决策力关系、决策偏好等具体研究领域。决策是指决策主体将自身偏好（某种规则）转化为实际行动[①]，通过一定的方式和方法筛选设计方案、推动设计迭代的行为。这种行为促进了设计方案的收敛，驱动了设计方案的迭代并对设计流程进行有效管理。设计决策的具体表现形式是，决策主体推动设计方案（决策对象）进行设计迭代，并生成设计价值。在方式、价值和构架关系图（见图 2.20）中，决策主体的行为方式是实现设计价值的方式。因此，决策力推动下的设计方案迭代与设计价值生成是设计决策研究的另一重要问题。

本章研究聚焦于决策力的语义表征、决策力关系、决策偏好和价值生成，研究的科学问题是：第一，语义如何表现决策力？第二，决策主体具有怎样的决策力关系？第三，决策力如何推动设计价值

---

① Lukes S. Power: A Radical View (Second Edition) [M]. New York: Berghahn Books, 2005.

生成？本章主要采用案例分析法，通过对设计方案的迭代过程和决策中的概念语义的系统研究，探讨设计迭代过程中决策力与价值生成的关系。

本章研究的主要设计项目及实验如下所示。

以摩托车造型设计项目为设计案例，采用案例分析和现象分析的研究方法，以项目中的设计方案以及决策语义信息为研究对象，对决策力的表征、决策力关系以及决策力影响下设计价值的生成进行了全面分析。摩托车造型设计项目是某摩托车企业在2016—2017年进行的摩托车创新设计项目，该设计项目基于成熟的125CC（排量）踏板摩托车生产技术，是典型的以造型设计为主要诉求的产品设计项目[①]，是经过外观设计、油泥模型、工程跟踪、批量生产四个阶段的一个完整的设计项目。设计决策主要以评审会议的形式展开，参与评审会议的设计决策主体包括公司内部的设计部门、管理部门、技术部门、销售部门、配套部门等，还包括主要配件供应商、模具生产商、用户代表等公司外部相关人员，全面涵盖了本书所讨论的六类决策主体角色。

在决策主体价值偏好的研究中，以两轮车创新设计项目为例，通过决策主体价值偏好实验，对六类决策主体的价值偏好进行研究。

第二节　决策力与决策语义

决策力可以是明确指出的，也可以是暗含的，同时也呈现出不同的表现形式。学术研究中，对决策力这一概念的定义具有较大差异。有些研究将其定义为决策权力，即在一定范围之内对决策事件

① 段正洁，谭浩，赵江洪．方案驱动的产品造型设计迭代模式［J］．包装工程，2017（24）：119-123.

的控制、支配等的职权或力量[①]；有些研究将其定义为决策意识，即确定目标、筛选方案、评价反馈的能力[②]；有些研究将其定义为内合力，即做出选择的所有要素的集合[③]。在本书研究中，决策力就是指决策主体在设计决策中的影响力，表现为决策主体推动设计迭代的方式和手段。

产品设计具有多学科知识交叉、多方案选择与迭代的特点，是一个典型的“高技术—高情感”设计领域[④]。赵丹华认为，有意义的造型意味着认知路径和语义连接路径的形成，所有的造型要素，包括体量、型面和图形，都在语义网上获得其意义，也就是说产品造型设计是一个造型特征和概念语义双重沟通的“意义”认知系统[⑤]。设计决策主要涉及多个设计方案（决策对象）的设计（造型）和设计概念以及选择和评审中的语言；前者主要是造型特征，后者主要是概念语义。多方案选择与迭代是实现设计决策力的过程，而这个过程的沟通媒介是造型特征和概念语义双重沟通的意义认知系统。因此，本书主要通过设计方案的迭代过程和决策中的概念语义对产品设计决策的决策力问题展开研究。

一、设计迭代中的决策语义

设计迭代是指设计方案逼近设计目标的过程。设计中的每一次迭代都在上一次迭代的基础上展开，通过渐次迭代对设计数据的重

① Hart O, Moore J. Property Rights and the Nature of the Firm [J]. Journal of Political Economy, 1990(6): 1119-1158.

② Tiffen J, Corbridge S J, Slimmer L. Enhancing Clinical Decision Making: Development of a Contiguous Definition and Conceptual Framework [J]. Journal of Professional Nursing, 2014(5): 399-405.

③ 吴佳惠 . 政府食品安全监管决策力探析 [J]. 长春大学学报，2016(3): 66-69.

④ 姚湘，胡鸿雁，李江泳 . 基于感性工学的车身侧面造型设计研究 [J]. 包装工程，2014(4): 40-43.

⑤ 赵丹华 . 汽车造型的设计意图和认知解释 [D]. 长沙：湖南大学，2013.

用、修改和增强，使设计方案渐趋完善，循序渐进地达到设计目标的要求[①]。在设计决策实践中，决策过程和决策意见通常是语义性的，决策主体采用口头陈述的方式表达决策意见，为设计提供了方向性的引导，包括：关于风格的审美语义，如美、丑等；关于操作的行为语义，如不方便、好用等；关于联想的情感语义，如振奋、快乐等。决策语义反映了决策主体的个体期望，包括价值取向、个体偏好、情感诉求等。Ryd 认为由“requirements（需求）”和“needs（需要）”等词翻译而来的设计要求能够驱动产品设计[②]。Goldschmidt 和 Sever 通过实验证明，语义能够刺激产品概念创新[③]。因此可以认为，决策语义为产品设计提供了方向性的引导。

本节以摩托车造型设计项目中侧护板造型方案的两轮设计迭代为例，分析决策语义对设计方案迭代的影响。侧护板造型方案的两轮设计迭代过程如图 4.1 所示。

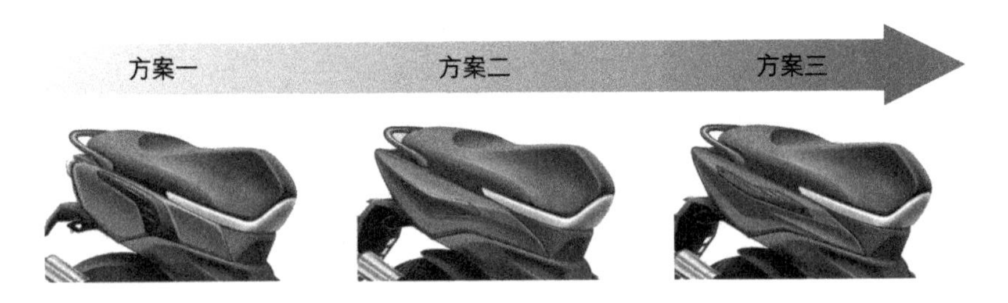

图 4.1 侧护板造型方案迭代过程

第一轮设计迭代。决策主体收到并理解初始设计方案传达的视

① 段正洁，谭浩，赵江洪．方案驱动的产品造型设计迭代模式［J］．包装工程，2017(24)：119-123；王汉友，吴琨．基于快速成型的遥控器设计迭代［J］．机电产品开发与创新，2009(4)：86-90.

② Ryd N. The Design Brief as Carrier of Client Information during the Construction Process［J］. Design Studies, 2004(3): 231-249.

③ Goldschmidt G, Sever A L. Inspiring Design Ideas with Texts［J］. Design Studies, 2011(2): 139-155.

觉形象，继而对设计方案进行决策，提出若干评价意见，如“年轻并具有活力”“整体设计缺乏动感”“造型过于平整、呆板”“装饰件占的面积太大了”“流线型、活力、小（装饰件）”等。基于语义信息，在方案一的基础上进行设计迭代。造型特征迁移如图 4.2 所示：特征 a 是指护板轮廓线采用平滑曲线，尖锐的两端形成了更细长的视觉效果；特征 b 是指通过增加面的转折来丰富型面造型；特征 c 是指通过缩小装饰件面积、运用流线造型使其与整体风格保持一致。其中，特征 a 和特征 c 体现出了对于“流线型”的造型要求；特征 a 和特征 b 体现出了关于“活力”的造型风格；特征 c 满足了对于“小”的形态要求。

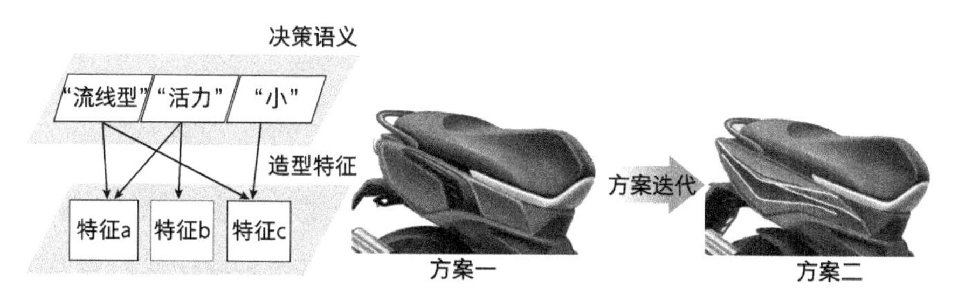

图 4.2　第一轮设计迭代

第二轮设计迭代。决策主体针对方案二提出新的评价意见，如“造型还是不够丰富”“有点软”“装饰件的位置挡住了面的转折”等。提取的语义信息为“丰富”“硬朗”“顺畅（型面）”。基于语义信息，在方案二的基础上进行设计迭代。造型特征迁移如图 4.3 所示：特征 a 是指外部轮廓延续方案二的特征，保持流线型风格；特征 b 是指增加型面的转折，采用强化特征线的方式使护板中间的棱线更加锐利、鲜明；特征 c 是指装饰件位置上移，并与主要特征线走势一致。其中，特征 b 采用了更“丰富”的造型语言，并体现出“硬朗”的造型风格；特征 c 通过位置调整，避免与主要特征线相交，从而凸显“顺畅”的造型要求。

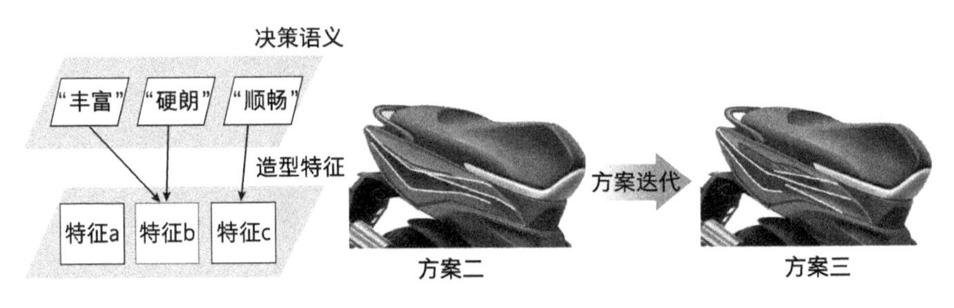

图 4.3 第二轮设计迭代

案例研究表明，设计方案的迭代建立在细致的语义结构上。决策主体口语化的决策意见（决策语义）成了设计迭代的约束条件。在决策语义的驱动下，造型特征产生相应的变化，对决策主体的意见进行积极响应。所谓设计迭代，就是指通过造型特征的迁移，逐渐缩小设计方案与决策语义之间的“鸿沟”。一方面，这证明了设计方案的迭代取决于决策主体的决策语义，决策语义是决策力的外在表征，推动了设计的进展；另一方面，印证了产品设计决策就是西蒙所说的决策系统，是决策主体的决策语义和决策对象的方案迭代之间的相互作用。

二、设计迭代中的决策语义分类

决策语义是决策力的外在表征，需要对决策语义进行全面的分析。根据决策类别，决策语义可分为“意见（opinion）”“评价（evaluation）”和“推论（inference）”[①]。“意见”是带有倾向性的决策语义，如“我喜欢这个创意”“这和我想的一样”等，体现了决策主体的主观偏好。

---

① Reid T N, Macdonald E F, Du P. Impact of Product Design Representation on Customer Judgment [J]. Journal of Mechanical Design, 2013(9): 774-786.

“评价”是对设计方案客观状态的描述，如“坐垫有些短”“这部分图形是对称的”“线条看上去很硬”等，反映了决策主体对当前设计方案的认知。“推论”是对尚未出现的设计信息的想象，如“空间可以更大一点”“如果材质对比明显，也许会更好”等，表达了决策主体的设计建议。根据决策内容与决策对象的对应关系，决策语义可归纳为造型特征和价值属性两个类别。对摩托车造型设计项目评审会议中的全部160条决策语义信息（对评审会议记录和会议现场的影音资料进行梳理后得到）进行统计，可以得到表4.1。

表4.1　决策语义分类统计

单位：%

决策语义	造型特征			价值属性			文字示例
	体量	型面	图形	社会	技术	商业	
“意见”（20.1%）	0.1	1.2	2.5	7.5	5	3.8	我觉得这种风格很不错；市场不太能接受；我喜欢这种创意
“评价”（37.4%）	6.9	15.6	11.2	3.1	0.6	0	这部分图形是对称的；坐垫有点短；线条看上去很硬
“推论”（42.5%）	10.6	6.3	10	7.5	5.6	2.5	可以增加一些辅助功能；储物空间可以更大一些；提升品牌的可识别性

统计结果表明，“意见”语义（占比为20.1%）主要集中于价值属性。这是由于决策主体在表达偏好时，比起直观的造型特征，更多考虑的是设计方案所带来的价值含义。然而，由于“意见”具有强烈的主观倾向性，决策主体对价值属性往往有独立的看法，从而形成了大量的异质性信息。“评价”语义（占比为37.4%）主要集中于造型特征。由于决策主体（除设计师外）并非设计领域专家，因此难以通过细致、具体的方案特征对价值属性进行全面的理解，对设计方案的认知更依赖于直观的造型特征。“推论”语义占比为42.5%，在内容上分布较为均匀，决策主体对造型特征和价值属

性都提出了一定的建议，但这些建议呈现出碎片化、离散化的特点，难以从中提炼出明确的设计目标和设计方向。因此，决策语义具有很大的模糊性，需要对其进行进一步的解读和加工才能使其转化为有效信息，为设计提供指导建议。

分析发现，决策语义具有态度上的倾向性，“意见”“评价”“推论”三种决策语义都在一定程度上表达了决策主体的态度。Cooper提出了决策中的“门槛”，即“终止（cut）”和“继续（go）”，体现了决策中赞成和反对两种态度[①]。Christensen和Ball认为促使设计迭代的意见可分为两类，即“继续/消灭（go/kill）”以及改变形式或功能，表明了不同情形下决策主体的评价策略[②]。对设计项目中的决策语义进行分析发现，决策语义可分为肯定型、否定型、启发型三类，表明了决策主体的三种截然不同的决策态度（见图4.4）。

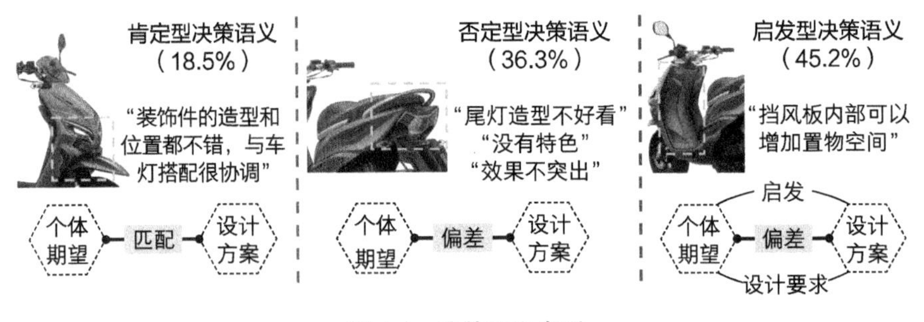

图4.4　决策语义类型

肯定型决策语义指的是对造型方案持肯定态度的语言类型。在评审会议中，存在决策主体对设计方案的局部解表示满意的情况，相应地形成了正向的决策意见。例如，针对前挡风板下部装饰件，

① Cooper R G. Third Generation New Product Processes [J]. Journal of Product Innovation Management, 1994(1): 3-14.

② Christensen B T, Ball L J. Dimensions of Creative Evaluation: Distinct Design and Reasoning Strategies for Aesthetic, Functional and Originality Judgments [J]. Design Studies, 2016(1): 116-136.

决策主体提出“装饰件的造型和位置都不错，与车灯的搭配很协调”的评价，这意味着设计方案与决策主体的个体期望相匹配。然而，该类型的决策语义出现的频率较低，在决策语义中仅占18.5%，主要表现为对设计方案细节的认可。

否定型决策语义指的是对造型方案持否定态度的语言类型。在评审会议中，存在决策主体对设计解或局部设计解不满意的情况，相应地形成了负面的决策意见。例如，针对尾灯，决策主体提出了“尾灯造型不好看”“没有特色”“效果不突出”的评价，这意味着设计方案与决策主体的个体期望存在偏差。否定型决策语义的占比为36.3%，可看作是一种指令，具有较高的模糊性，“意见”类的决策语义多属于否定型，主要集中于对设计方案价值属性的评判。

启发型决策语义指的是在原造型方案的基础上提出修改建议或设计方向的语言类型。在评审会议中，决策主体在评价设计方案的同时，对设计方案进行了重新解读，提出了新观点。例如，针对内挡风板，决策主体提出“挡风板内部可以增加置物空间”的建议，这意味着设计方案与决策主体的个体期望仍存在偏差，但使决策主体对设计产生了新想法，形成了更具体的设计要求。启发型决策语义的占比为45.2%，是占比最高的决策语义。“推论”类的决策语义多属于启发型的决策语义。

综上所述，决策语义具有一定的模糊性和局限性，需要根据决策主体的态度对决策语义进行深入解读。肯定型、否定型、启发型三种类型的决策语义反映了决策主体的三种态度，也表明了决策主体的个体期望与设计方案之间的三种关系。

三、决策语义类型与设计迭代方式

决策力是推动设计迭代的方式和手段，设计方案的变化体现了决策力的作用结果。因此，要研究决策力的实际影响，首先需要衡量设计迭代前后两次设计方案之间的差异。Perttula 和 Sipilä 提出了距离值的概念，用于判断设计方案变化的程度[①]。距离值表明了与上一设计方案间的距离，它源于当前方案与原方案之间的变换程度。Cai 等在建筑设计研究中提出了对方案间的距离值进行衡量的六个等级，从 1—6 依次为直接引用、形势变化、功能变化、空间变化、环境和背景因素变化、其他更多的变化[②]。距离值越大表明设计方案之间的差异越大、设计迭代的变化越大。本书将设计迭代的距离等级分为沿用式、进化式、突变式三种（见图 4.5）。

图 4.5 设计迭代方式

如图 4.5 所示，沿用式迭代表示直接引用上一造型方案的特征；进化式迭代表示只有局部造型特征产生了变化，而主要造型特征（如轮廓等）不变；突变式迭代表示整体造型特征产生了全面的变化。沿用式迭代的距离值最小。在第二次和第三次设计迭代中，前挡风板下部装饰件的设计被完全复制下来，原方案的造型特征得到了最大程度的保留。突变式迭代的距离值最大。在第三次设计迭代中，后尾灯的设计发生了非常大的改变。灯罩形状从原来的多边形

① Perttula M, Sipilä P. The Idea Exposure Paradigm in Design Idea Generation [J]. Journal of Engineering Design, 2007(1): 93-102.

② Cai H, Do E Y L, Zimring C M. Extended Linkography and Distance Graph in Design Evaluation: An Empirical Study of the Dual Effects of Inspiration Sources in Creative Design [J]. Design Studies, 2010(2): 146-168.

变为圆形，颜色变为红色；原方案中采用点状光源的设计，选用卤素灯珠为光源，而新方案中改为环状光源设计，选用 LED 灯珠环状排列；支架造型也改为对称的格栅设计。新方案采用了全新的造型特征，与原方案相比呈现出了完全不同的视觉形态。进化式迭代的距离值介于两者之间，设计方案是在原方案的基础上进行渐进、定向的特征变迁。在第二次设计迭代中，内挡风板在原方案的基础上增加了置物空间，从整体形态上来看没有产生大的变化，但由于功能的增加，使得内挡风板的型面关系产生了一定程度的变化。

语义反映了人们对产品造型的主观评价，语义评价方法是一种造型属性的评价方法，可以快速得到针对造型的量化评价结果[①]。研究发现，三种设计迭代是根据不同类型的决策语义进行划分的。本书以摩托车造型设计项目概念设计阶段的后尾灯与前挡风板装饰件的四次设计迭代为例，对决策语义类型与设计迭代方式之间的相关性进行全面的阐释。

后尾灯的三次设计迭代过程及决策语义如图 4.6 所示。第一次设计决策针对方案一提出了否定型的决策语义，如“设计得不太好”“看上去很一般”。方案二进行了突变式的设计迭代，由嵌入式设计改为独立式设计，由双灯改为了单灯。第二次设计决策针对灯壳大小及光源分布提出了启发型的决策语义，如“灯罩面积可以更大一些”“光源有点分散”。方案三进行了进化式的设计迭代，有针对性地修改了灯壳的形状、大小及颜色，但保持原方案的造型轮廓不变。第三次设计决策提出了否定型的决策语义，如“尾灯造型不好看”“没有特色”“效果不突出”。方案四进行了突变式的设计迭代，灯罩形状、光源设计、支架造型等都具有了全新的造型特征。

---

① 段正洁，谭浩，赵丹华，等．基于风格语义的产品造型设计评价策略［J］．包装工程，2018(12)：107-112.

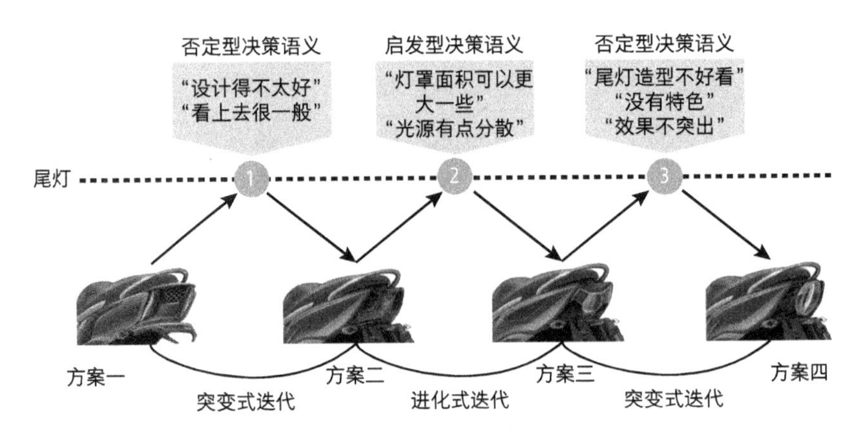

图 4.6 后尾灯设计迭代过程

前挡风板装饰件的三次迭代过程及决策语义如图 4.7 所示。前挡风板装饰件分为上装饰件（车灯以上位置的装饰件）和下装饰件（车灯以下位置的装饰件），由于针对两个部分存在相对独立的决策意见，因此在图 4.7 中分别注明了上下装饰件的迭代过程以及相关的决策语义。

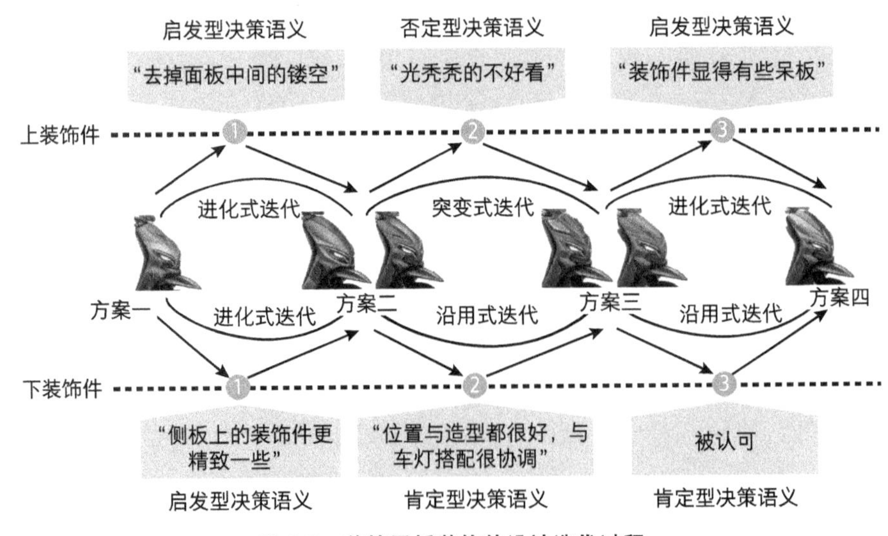

图 4.7 前挡风板装饰件设计迭代过程

对上装饰件的迭代过程进行分析。方案一中并没有上装饰件，在第一次设计决策中，决策主体基于原有造型方案提出了启发型决策语义“去掉面板中间的镂空”。方案二对此进行了响应，采用两种更丰富的型面变化取代了面板中间的镂空，除此之外并没有新的设计元素出现，属于进化式的设计迭代。第二次设计决策提出了否定型的决策语义“光秃秃的不好看”。方案三中的两款设计有了更大的造型突破，通过装饰件为前挡风板增添了新的设计元素，形成了突变式的设计迭代。第三次设计决策提出了启发型的决策语义，对装饰件的造型风格提出了更具体的设计建议“装饰件显得有些呆板”。方案四调整了装饰件的大小和形状，形成了进化式的设计迭代。

对下装饰件的迭代过程进行分析。第一次设计决策针对方案一侧板上的小面积装饰件的造型风格提出了启发型的决策语义“侧板上的装饰件更精致一些”。方案二产生了两个设计方案：第一个在原方案的基础上修改了侧板装饰件的造型，同时去掉了大灯下部的装饰件；第二个则保留了原方案中大灯下部的装饰件。第二次设计决策对第二个方案提出了肯定型的决策语义“位置与造型都很好，与车灯搭配很协调”。方案三的两个设计方案都沿用了原方案的下装饰件设计。第三次设计决策没有对下装饰件进行评价，说明该方案已被决策主体认可，并达成共识，可视为决策主体对下装饰件的设计方案持肯定态度。该特征在方案四中被保留下来，形成了沿用式的设计迭代。

研究结果表明，决策力由决策语义表示，不同类型的决策语义导致了设计方案迭代方式的差异，使得设计结果呈现出不同的特征。肯定型决策语义导致了沿用式设计迭代，否定型决策语义导致了突变式设计迭代，启发型决策语义导致了进化式设计迭代（见图 4.8）。肯定型决策语义意味着设计方案被认可和接受，新方案保留了被认可的造型特征形成了沿用式的设计迭代。否定型决策语义意味着设计方案没有被接受，但决策主体并没有明确表示期望的方向，新方案舍弃了被否定的造型特征，最大程度地避免与原方案的相似性，力求与原方案形成较大的区分度，从而形成了突变式的设计迭代。启发型决策语义表明了决策主体的期望，提供了方向性的引导，使新方案在原方案的基础上有针对性地进行设计改良，形成了进化式的设计迭代。

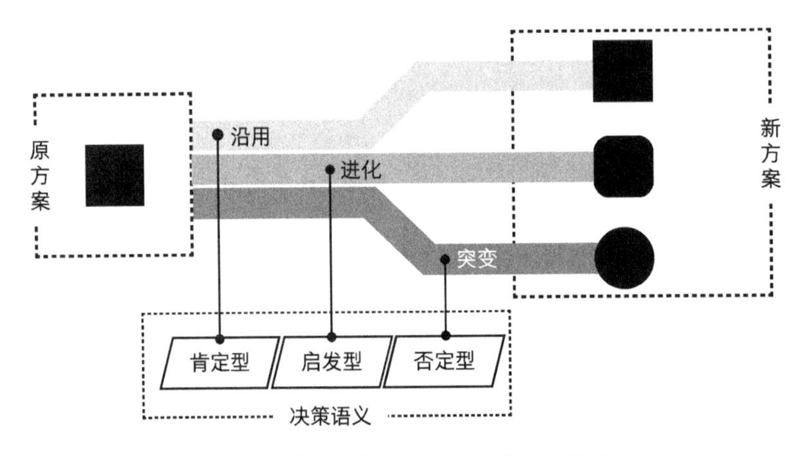

图 4.8 决策语义类型对设计迭代方式的影响

本节研究结果表明，决策语义是决策力的外在表征，三种类型的决策语义推动了三种类型的设计迭代，进一步说明了设计决策是决策系统中决策主体和决策对象之间的相互作用。设计决策是具有创造性的行为，不仅是对当前“是什么”的判定，还是对“未来可能是什么”的一种创造。

第三节 决策主体与决策力的关系

多个决策主体共同执行一个决策任务就形成了所谓的决策力的关系问题，即典型的活动、任务和角色的关系框架。产品设计决策是跨部门、跨行业、跨领域的主体进行的群体性创新活动。由于认知、知识结构等的限制，处于其中的个体只能具有有限理性。由于产品设计决策涉及不同的利益相关者，决策主体角色之间需要进行定期、密集的内部沟通和协调，获取并组织来自多个领域的信息。决策力作为决策主体态度和行为的表现，最终影响设计决策的制定和实施。产品设计决策主体可被视作一种组织形态，必然与主体关系相伴随。然而，在形成客观和合理的决策结果之前，决策主体之间的主从关系、依赖关系、排序关系是未知的，主体之间的决策力关系也是不确定的、模糊的。本节对决策力的活动、任务和角色关系进行讨论，并提出基于任务的决策力关系框架，采用案例分析法探讨决策力关系。

一、决策力的活动、任务和角色关系

探讨设计决策的决策力关系首先需要明确决策力关系的产生机制。产品设计决策是基于设计目标的群体创新活动。Carver 和 Scheier 提出了目标实现的三个层级[①]：最高的层级是对目标的抽象（be-goals）；下一层级是目标下的具体任务（do-goals）；最低层级是完成任务的行为、动作（motor-goals）。任务是指根据可实现的途径或者相关经验来实现目标的过程[②]，活动可以转化成多种任务的实现形式[③]。因此可以认为：任务是对活动来说的细化，行为是对任务的执行；任务对活动来说具有低层次的结构，而对行为来说则具有高层次的结构。

---

① Carver C S, Scheier M F. On the Structure of Behavioral Self-Regulation [M]. Handbook of Self-Regulation. Cambridge: Academic Press, 2000.

② 陈宪涛．汽车造型设计的领域任务研究与应用 [D]. 长沙：湖南大学，2009.

③ 贾利民，刘刚，秦勇．基于智能 Agent 的动态协作任务求解 [M]. 北京：科学出版社，2007.

Van 等以任务作为桥梁将活动与活动中的角色连接起来[①]。活动是任务的触发因素，而角色与任务间具有执行与被执行的关系（见图 4.9）。任务的执行是指为完成任务所执行的动作，表现为一定的启动和结束条件下主体对客体进行组织和操作的行为程序[②]。因此，角色与任务之间的关系是在一定目标约束下的执行与被执行的行为关系，具体表现为角色基于对目标的认识和理解，通过一定的行为进行任务结构的组织和规划，凭借自身的知识执行并完成任务。

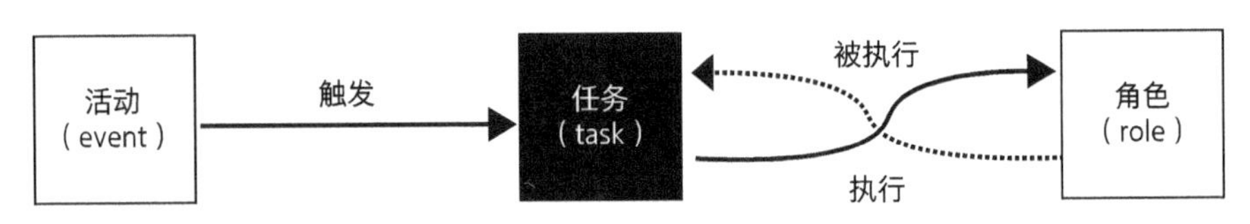

图 4.9 活动、任务和角色的关系

Benjamin 和 Levinson 提出了一种基于任务的研究策略：首先确定整体的愿景或目标，将整体目标分解成更小的子目标；接下来确定实现每个子目标需要的个体或团体，分析发挥作用的特定角色，并确定角色间的关系；最后根据角色的作用及关系制订行动计划[③]。根据该研究策略，产品设计决策活动可以分解为若干决策任务，执行同一决策任务的决策主体被视为具有一定程度的行为关系，即决策力关系（见图 4.10）。

---

① Van W M, Van der V G C, Eliëns A. An Ontology for Task World Models [C]// Design, Specification and Verification of Interactive Systems' 98: Proceedings of the Eurographics Workshop in Abingdon, 1998.

② 刘英群，王克宏 . 基于任务模型的移动服务可视化设计 [J]. 计算机应用，2004(4)：91-93.

③ Benjamin R I, Levinson E. A Framework for Managing IT-Enabled Change [J]. Sloan Management Review, 1993(4): 23-33.

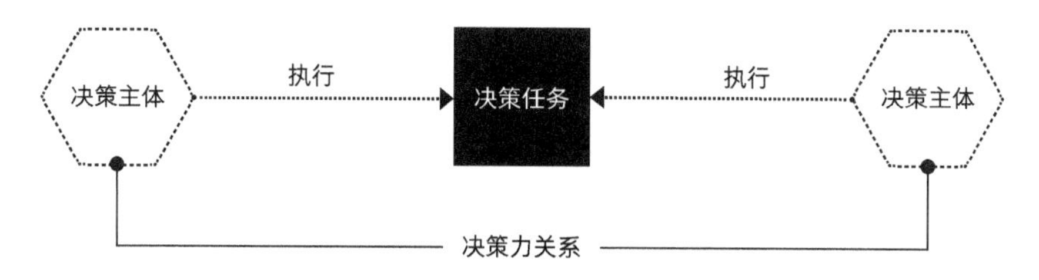

图 4.10　决策力关系的产生机制

二、基于任务的决策力关系案例分析

产品部件是用户进行造型感知与评判的媒介[①]。在决策实践中，设计决策具体表现为决策主体对每个产品部件的造型、工艺、质量等进行判断。例如，在第一次评审会议中，前挡风板的造型是重点评审对象，决策主体多次提及前挡风板的轮廓、特征面、卡扣、孔径等的特征和结构。本书以摩托车造型设计项目中摩托车产品部件的物理构成作为决策任务的分类依据，将决策任务视为对某一产品部件的具体评价。

从全部 160 条决策语义中剥离出反映产品部件的语义内容，并对其进行编码，作为设计项目的决策任务。在编码阶段通常有两种策略，一种是从数据中收集有意义的信息，并在没有明确定义研究主题时将它们分组并划分编码类别[②]，另一种是在明确定义研究主题时使用符合特定主题的预定义编码类别来对数据进行编码[③]。本研

① 杨洁，杨育，赵川，等. 产品外形设计中客户感性认知模型及应用 [J]. 计算机辅助设计与图形学学报，2010(3): 538-544.

② Berends H, Reymen I. External Designers in Product Design Processes of Small Manufacturing Firms [J]. Design Studies, 2011(1): 17-38.

③ Kleinsmann M, Valkenburg R. Barriers to Shared Understanding in Collaborative Design Projects [C]// DS 31: Proceedings of ICED 03, the 14th International Conference on Engineering Design, 2003.

究采用第一种编码方式，即不事先设定明确的编码类别，而是根据决策语义的内容对涉及物理结构的短语和词汇进行提取与筛选（见表 4.2）。

表 4.2 决策任务编码示例

例句摘录	任务编码
“前大灯的内部卡扣安装报废的多，最好使用螺栓连接”	前大灯
“挡风板分割线的位置不合理，会对内部零部件的安装产生影响”	前挡风板
“这部分有点单调，加点装饰件才好”	前挡风板装饰件
“侧边看上去线条太软了，不好看”	侧护板

编码依据以下四个原则。

第一，对描述相同产品部件的决策语义进行标准化处理。由于决策主体的职能区别以及表述方式的差异，对同一产品部件的描述方式不同。例如，工程师将前部与大灯相交的塑料件称为“前挡风板”，管理者将其称为“面板”，用户则称之为“前脸”。本书将其统一编码为“前挡风板”。

第二，对描述同一产品部件的决策语义进行归类。对产品造型方案来说，每条特征线的走向、每个特征面的起伏都有可能对审美风格或产品结构产生影响，是值得评价和推敲的对象。在评审过程中，决策主体可能会对一个细部结构中出现的几条特征线逐一进行评价。举例来说，侧护板上具有三条明显的特征线，评价主体对这三条特征线提出了大量的评价意见，如“上边这条线和中间的线最好不要相交”“中间这条线可以向下一点吧”“这条线看上去太凸了”等，而这三条特征线共同构成了侧护板的主要型面特征，研究将针对这一产品部件的描述进行归类，将其编码为“侧护板”。除此之外，根据产品部件的区域以及功能特征，对表示同一产品部件的决策语义进行合并。例如，将“挡风板装饰件形状”“挡风板装饰件尺寸”合并为“挡风板装饰件”。

第三，结合上下文语境对产品部件进行区分。由于摩托车产品结构复杂、部件较多，因此在编码过程中容易出现混淆。例如，在对尾灯和前大灯的评审中，都对灯具的支架进行了讨论。决策主体进行语言表述时都只提及“支架”之类的词。如果按照自然语言进行任务编码，便会出现两者之间的混淆。因此，在编码时根据上下文的含义将其补充为“尾灯支架”“前大灯支架”。

第四，将指代性的词语补充完整。按照人们采用自然语言进行对话的习惯，在所指对象明确的情况下，代词的使用较为频繁。评审语言中常会出现大量的代词，如“我觉得这里可以再宽一点”“那边切进去5毫米就差不多了”等。在进行编码时，应根据上下文将其补充完整。“这里宽一点”是对后挡泥板大小的评价，故应当编码为“后挡泥板”。“那边切进去”是对尾灯装饰件尺寸的建议，故应当编码为“尾灯装饰件”。

为保证客观性，本研究邀请三名专家共同进行编码。三人都具有15年以上的产品设计经验，均担任过三项以上摩托车产品设计项目的负责人，经历并组织过大量的设计决策活动，对评审语言中的有效信息具有敏锐的洞察力。由三名专家分别对原始数据进行编码，再通过交叉检查进行结果对比，最终编码结果在专家间达成共识。决策语义中共涉及17个产品部件，将其定义为决策任务（见表4.3）。

表4.3　决策语义中涉及的摩托车产品部件

编号	1	2	3	4	5	6	7	8	9	10	11	12	13	14	15	16	17
部件名称	头罩	挡风板	前挡风板装饰件	后挡风板	前大灯	前大灯支架	前减震器	脚踏板边条	发动机护罩	侧护板	侧护板装饰件	尾灯	尾灯支架	尾灯装饰件	前挡泥板	后挡泥板	坐垫

围绕 17 个决策任务分别对六类角色的执行情况进行分析。当决策语义中含有针对某一产品部件的决策意见时，视为该主体执行了此项决策任务。例如，管理者提出“前挡风板有点单调，加点装饰件才好”，这可以视为管理者执行了针对前挡风板装饰件的决策任务。设计项目中所有决策主体对决策任务的执行情况如表 4.4 所示。

表 4.4 决策主体对决策任务的执行情况

决策主体	编号																
	1	2	3	4	5	6	7	8	9	10	11	12	13	14	15	16	17
设计师	√	√	√	√	√	√	√			√	√	√		√	√	√	√
工程师	√	√	√	√		√	√		√		√	√	√		√	√	√
管理者	√	√	√				√	√		√	√	√		√	√	√	√
供应商			√		√	√			√			√	√			√	√
经销商	√		√	√	√				√	√	√	√			√		√
用户	√	√	√		√			√	√	√	√	√		√		√	√

对统计结果进行分析可知，决策主体对决策任务的执行具有三种情形：单个主体独自执行一项决策任务；多个主体共同执行一项决策任务；单个主体承担多项决策任务（如图 4.11 中的虚线所示）。以决策任务为锚点，可将决策主体之间的决策力关系通过结构化的方式呈现出来，执行同一项决策任务的两个决策主体之间产生了决策力关系（如图 4.11 中的实线所示）。

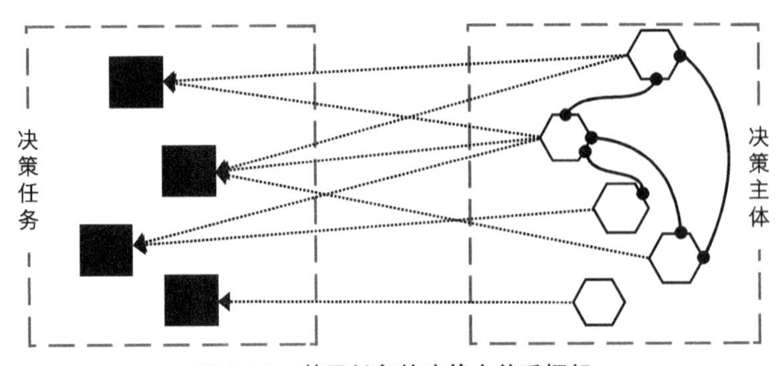

图 4.11 基于任务的决策力关系框架

基于以上认识，对决策主体的决策任务执行情况进行统计。根据统计结果，用复杂网络分析工具 Gephi 绘制了六类决策主体间的决策力关系图（见图 4.12）。研究结果表明，六类决策主体的决策力呈现出了网络关系的特性，两两间具有紧密或疏离的决策力关系。关系值越大意味着决策力关系越紧密，即两者共同执行的决策任务越多；关系值越小意味着决策力关系越疏离，即两者共同执行的决策任务越少。设计方案的选择和迭代是在决策主体决策力的共同作用下产生的，不同的决策力和决策力关系会引起设计迭代的方式和方向的变化，导致最后的设计方案具有不同的设计面貌，这既是决策力与决策力关系对设计迭代的影响和作用，也是设计决策研究关注的重点问题。

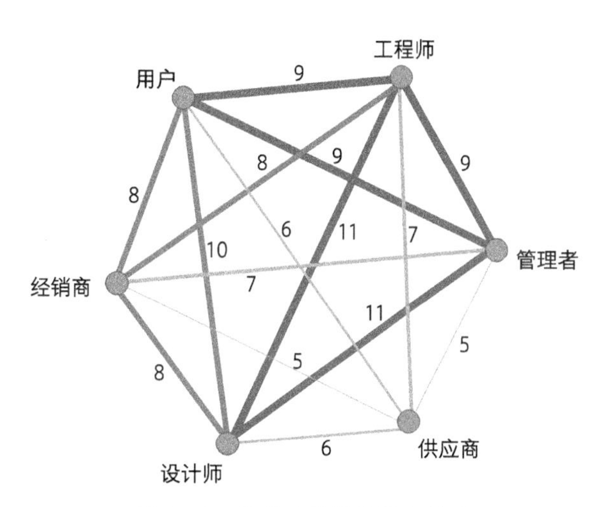

图 4.12　决策主体的决策力关系

图 4.12 所体现的决策力关系是基于摩托车造型设计项目决策语义统计结果的，仅表明六类决策主体在该项目中的决策力关系情况。本书将决策力视为设计决策的行为方式，对决策力及决策力关系的研究主要通过实际项目中设计方案迭代过程及决策语义展开，目的

是表明设计决策如何推动设计迭代，从而完成对设计价值的创造。在设计决策实践中，决策力的大小和方向受到决策权重配置等因素的影响，是关于设计决策的另一个科学问题。

第四节　基于角色的决策价值偏好与设计价值生成

决策主体的价值偏好是一个活动、任务和角色关系框架下的研究问题。针对任务，决策主体的价值偏好是一个具体的角色概念。而设计价值生成是一个设计表达的问题。设计的角色和价值是什么？鲁晓波认为，在寻找难题的解决方案的过程中创造价值就是设计的价值①。决策对象的价值属性与造型特征间具有"形式跟随意义"的关系，即造型特征是对价值属性的外化表现。因此，决策力在推动产品造型特征迁移和改变的同时，也改变了产品的价值属性，生成了新的设计价值。在决策沟通的过程中，相对于不同的主体，决策对象被赋予不同的价值含义。Akgün 等在工程机械产品设计研究中提出，不同的角色背景与知识经验会对造型设计产生不同的评价，导致不同的决策结果，从而引起设计主题的变化②。本节从价值构架的角度对决策主体的价值偏好与设计价值生成进行研究，主要目的是研究决策主体的价值偏好对设计价值生成的影响。

一、决策主体的价值偏好

决策价值偏好受到决策主体角色的影响，具有明显的主观性特

---

① 鲁晓波．鲁晓波：应变与求变 时代变革与设计学科发展思考［J］．设计，2021(12)：56-59.

② Akgün A E, Keskin H, Byrne J. Antecedents and Contingent Effects of Organizational Adaptive Capability on Firm Product Innovativeness［J］. Journal of Product Innovation Management, 2012(1): 171-189.

点，是影响决策力的关键因素。本节采用实验研究的方法，通过决策主体价值偏好实验对决策主体的价值偏好进行深入探究，实验从六类决策主体中选择受访者，对设计方案进行评价，通过收集和分析决策语义，考察六类决策主体决策力的作用区间，从而对决策主体的价值偏好进行分析。实验选取的决策对象为两轮车创新设计项目中的三款摩托车设计方案（见图 4.13）。

方案一

方案二

方案三

图 4.13　设计方案

该设计项目是以外观设计为主要诉求的踏板摩托车新产品设计项目。设计任务书明确提出了技术指标、商业诉求、用户需求等设计目标。设计决策需要整合来自销售、管理、工程技术、用户、上下游供应链等方面的意见对设计方案进行评价。

根据决策主体的角色类别，在每类角色中选择 2 人参与实验研究，共选择了 12 名受访者（见表 4.5）。实验采用深度访问式口语分析，一般认为被试人数为 7 人左右[①]。同质性受访者可能出现数据不可靠或不准确的情况，差别化的受访者有利于相互补充数据[②]，以抵消由于个体局限性而导致的潜在偏见。因此，本研究尽量对受访

① 王维方 . 用户研究中的观察期与访谈法［D］. 武汉：武汉理工大学，2009.

② Miller C C, Cardinal L B, Glick W H. Retrospective Reports in Organizational Research: A Reexamination of Recent Evidence［J］. Academy of Management Journal, 1997(1): 189-204.

者进行差别化选取，例如选取来自不同区域的经销商代表以及不同零部件的供应商等。

表 4.5 受访者基本资料

编号	角色	职业	年龄 / 岁	行业经验 / 年
1	设计师	造型设计师	24	3
2	设计师	设计部主任	35	9
3	工程师	结构工程师	29	5
4	工程师	生产部主任	27	5
5	管理者	项目经理	46	12
6	管理者	总经理	47	8
7	用户代表	—	57	25
8	用户代表	—	32	2
9	经销商代表	浙江区域经销商	38	10
10	经销商代表	两广区域经销商	46	7
11	供应商	车灯制造商	37	15
12	供应商	塑料模具制造商	29	8

注：两广指广东和广西。

实验首先请受访者仔细观察设计方案图片，同时向受访者介绍设计要求。当受访者表示完全理解了设计方案之后，请其对设计方案进行评价和筛选。采取录音方式记录受访者的评价语言，并采用现场笔记的方式作为语音信息的补充。

通过梳理原始语言信息，共获得 148 条决策语义。决策语义是决策力的表征，决策语义的分类统计结果表明了决策力的作用区间分布，即决策主体的价值偏好。以决策对象的价值属性维度为分类依据对六类决策主体的决策语义进行分类统计，可得到表 4.6。

表 4.6 决策语义分类统计

单位：%

价值属性		设计师	工程师	管理者	供应商	经销商	用户	文字示例
社会价值属性	审美风格	25.0	11.1	20.0	8.3	20.2	22.2	“风格一致性不强”
	情感意义	15.9	2.7	8.0	—	6.7	16.7	“年轻人会喜欢”
	文化内涵	9.7	—	8.0	—	—	5.6	“像变形金刚一样威武”
	总计	50.6	13.8	36.0	8.3	26.9	44.5	—
技术价值属性	结构布局	7.1	22.2	4.0	25.1	—	5.6	“坐垫加长后，底板模具要改，强度不够”
	生产工艺	3.6	33.5	—	16.7	—	—	“注意一下侧面三角形凸起的拔模角度”
	操作方式	10.1	8.2	4.0	—	6.7	11.4	“骑车人放腿的空间有点局促”
	使用功能	14.3	11.3	12.0	8.3	19.7	16.7	“双坐垫的设计能使后面的人视野更好”
	总计	35.1	75.2	20.0	50.1	26.4	33.7	—
商业价值属性	成本	—	8.3	16.0	33.3	6.7	—	“LED 灯效果更好，但这种灯比较贵”
	价格	—	2.7	16.0	8.3	26.7	11.1	“用单减震器的话，现在的价格没有利润”
	品牌价值	14.3	—	12.0	—	13.3	10.7	“和我们的品牌定位不一致”
	总计	14.3	11.0	44.0	41.6	46.7	21.8	—

设计师的决策语义主要集中于社会价值属性和技术价值属性（分别占 50.6% 和 35.1%），其中技术价值属性中针对操作方式和使用功能的决策语义远高于结构布局与生产工艺。针对商业价值属性的决策语义最少（占 14.3%），并且没有出现针对成本和价格的决策语义。这说明设计师的决策力主要分布在设计维度和技术维度的价

值属性上。

工程师的决策语义主要集中在技术价值属性上（占 75.2%），其中针对结构布局和生产工艺的决策语义占到总数的一半以上。相比之下，针对社会价值属性和商业价值属性的决策语义较少（分别占 13.8% 和 11.0%）。这说明工程师的决策力主要分布在技术维度的价值属性上。

管理者的决策语义主要集中在社会价值属性和商业价值属性上（分别占 36.0% 和 44.0%），针对技术价值属性的决策语义较少（占 20.0%）。这说明管理者的决策力主要分布在社会维度和商业维度的价值属性上。

供应商的决策语义主要集中在技术价值属性和商业价值属性上（分别占 50.1% 和 41.6%），针对社会价值属性的决策语义较少（占 8.3%）。虽然在操作方式和品牌价值方面没有决策语义，但针对结构布局、生产工艺、成本方面的决策语义的占比远高于其他方面。这说明供应商的决策力主要分布在技术维度和商业维度的价值属性上。

经销商与用户的决策语义在三个维度上的分布情况都较为平均，略有不同的是经销商针对商业价值属性的决策语义占比稍高（占 46.7%），而用户针对社会价值属性的决策语义占比稍高（占 44.5%）。这说明经销商和用户的决策力虽同时分布于三个维度的价值属性，但经销商的决策力在商业价值属性上略有侧重，而用户的决策力在社会价值属性上略有侧重。

实验结果表明，决策主体决策力的作用区间分布与其利益诉求实现途径的分布（见图 3.7）具有明显的相似性。研究采用图形化的方式来表现每类决策主体的利益诉求分布与决策力分布，通过相互比较来研究决策主体的价值偏好。环形图外圈为决策力分布，内圈为利益诉求分布，不同的色块表明了在不同的价值属性上的分布情况（见图 4.14）。图 4.14 直观地反映了决策主体的价值偏好，即决策力并非作用于决策对象全部维度的价值属性，而是只针对某个或某几个价值属性产生较为明显的作用。六类决策主体的决策力与利益诉求的分布情况是高度一致的，决策力的作用区间即为利益诉求的实现途径。也就是说，决策主体的价值偏好是由利益诉求所决定的，决策主体的决策力集中在那些能够实现其自身利益诉求的价值属性上，并会忽视与自身利益诉求无关的价值属性。

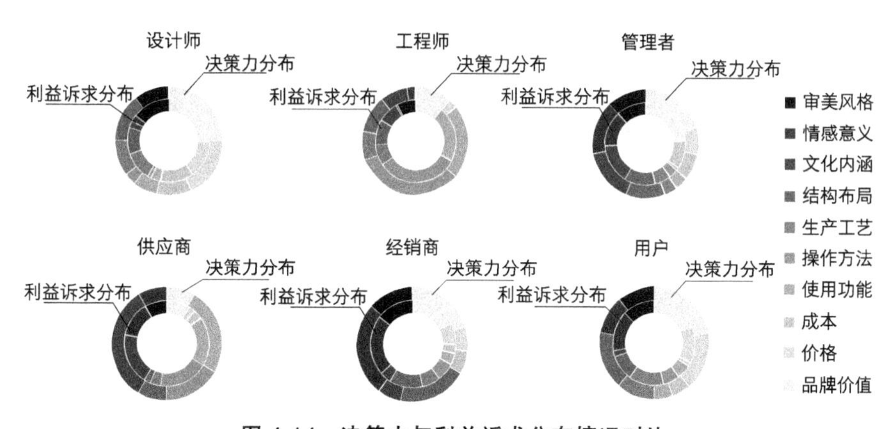

图 4.14　决策力与利益诉求分布情况对比

二、价值表达驱动的设计

设计要表达价值，通过价值表达来驱动设计是现代设计的重要理念。当设计作为一种符号时，它其实反映了人们的价值观[①]。第二章的研究结果表明，决策对象的价值属性是对设计价值的全面表达。所谓价值表达是指设计的特点就是通过自身的价值属性来表达某种设计价值，其中反映了某种价值观。每种产品都可以看作是多属性

① 赵江洪．设计艺术的含义［M］．长沙：湖南大学出版社，2005.

空间中的点的集合[1]。设计方案的生成是由价值属性集到方案集的转化过程（见图4.15）。

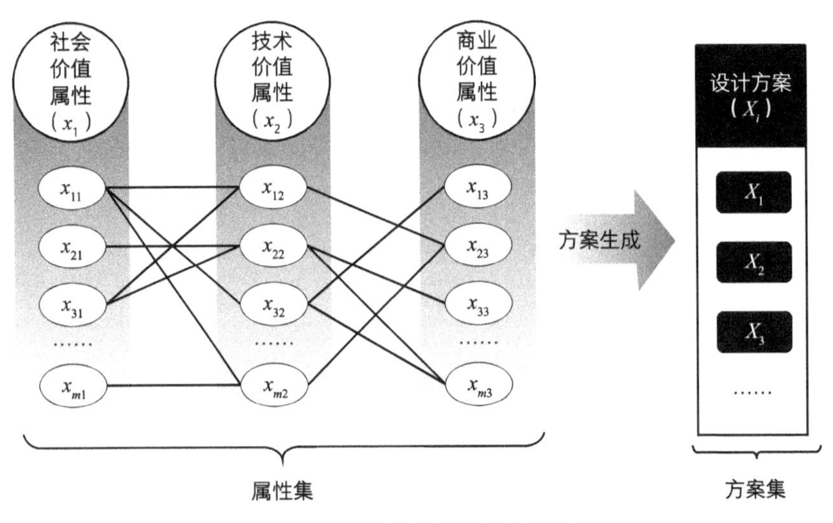

图4.15　设计方案生成过程示意

价值属性集的列向量表示了产品的属性维度 x_n（n=1,2,3），行向量表示了每个属性维度 x_n 下存在的 m 种设计的可能性。三个属性维度下所有的设计可能性构成了价值属性集 x_{ni}（n=1,2,3）（i=1,2,…,m）。方案集则是由属性集中每个属性维度下的设计可能性所组成的，即 $X_i=\{x_{1i}\ \ x_{2i}\ \ x_{3i}\}$（$i$=1,2,3,…,$m$）。

理想的设计是每个属性维度中最优的设计可能性的组合，在各个维度上都具有高水平的设计价值，但实际情况并非如此。Kuehn和Day将消费者的喜好与产品的属性进行关联，提出消费者更偏爱的那些属性会被优先考虑，而其他属性则会被忽视[2]。例如，对冰淇

① Thurston D L. A Formal Method for Subjective Design Evaluation with Multiple Attributes [J]. Research in Engineering Design, 1991(2): 105-122.

② Kuehn A A, Day R L. Strategy of Product Quality [J]. Harvard Business Review, 1962(1): 87.

淋、啤酒等食物来说，当口味是重要的属性时，饱腹感就显得不是那么重要。同样，产品设计往往也是在一个或几个价值属性上表现出高水平，以此来表达该维度的设计价值。

第三章的研究结果表明，根据不同的利益诉求，六类决策主体可聚类为四种价值观：理想主义价值观、现实主义价值观、技术主义价值观和实用主义价值观。如图 4.16 所示的工业设计实例表明了三种典型的价值表达驱动的产品设计。

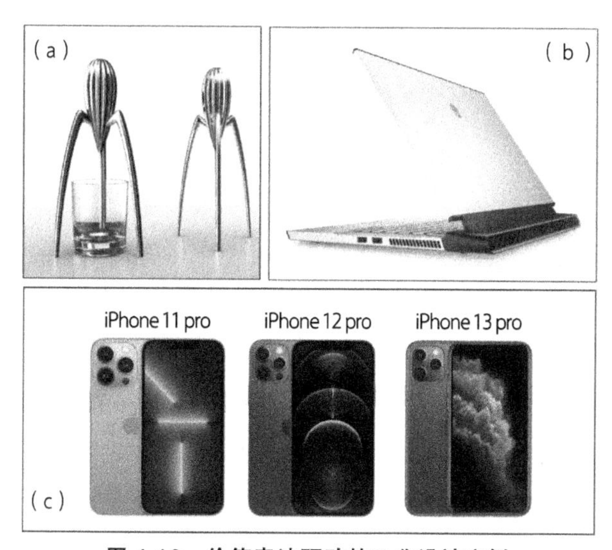

图 4.16　价值表达驱动的工业设计实例

资料来源：图片（a）源自 https://www.zcool.com.cn/work/ZNDMxMjU3OTY=.html；图片（b）源自 https://m.suning.com/product/0070664957/11923383180.html；图片（c）源自 https://www.apple.com.cn/iphone。

图 4.16（a）展示的是著名的“Juicy Salif（外星人榨汁机）”，其以怪诞的造型以及高昂的售价著称。诺曼在《情感化设计》一书中对它进行了详细分析，认为这款榨汁机不适合用来压榨柠檬（因为榨汁机的表面镀层与酸性物体接触会被损坏）。然而它异乎寻常的外形带来了积极的情感体验（教会人们去期望未曾期望的奇迹），并

且促进了人际关系的发展（它能启动一段谈话）[①]。用诺曼的话来说就是“该设计具有较低的行为水平，但是具有超高的反思水平”。“Juicy Salif（外星人榨汁机）”在社会价值属性上具有高水平，表达了社会维度的设计价值，反映了理想主义价值观。

图 4.16（b）展示的是一款备受极客（英语单词“geek”的音译，意为高手）玩家推崇的外星人品牌笔记本电脑。这是一款针对高性能网络游戏的特定产品，具有 43 毫米的厚度，加长了折叠处的尺寸以实现更好的散热功能，同时极大地增加了产品的重量，外形也显得更加笨重。该产品牺牲了美观的造型风格，从而保证了极为出色的硬件性能，在技术价值属性上具有高水平，表达了技术维度的设计价值，反映了技术主义价值观。

图 4.16（c）展示的是从 iPhone 11pro 到 iPhone 13pro 连续三代的苹果手机。三代手机的外部尺寸以及镜头的位置、大小没有任何改变，后盖造型也是一致的。采用同一款后盖造型意味着三代手机可以共享同一套模具，节约了生产成本，但同时手机外观也无法进行更大的突破。iPhone 系列产品在商业价值属性上具有高水平，表达了商业维度的设计价值，反映了现实主义价值观。

可见，价值表达驱动在产品设计中是一种非常普遍的现象。也就是说，设计方案并非在所有的价值属性上水平一致，根据不同的价值观，设计方案只能在某一个或某几个价值属性上表现出高水平，以及表达该维度的设计价值。

设计实践中，设计价值的表达取决于设计的目的。以概念创新为主的设计更强调产品体现出的人文关怀或情感反思，着重表达社会维度的设计价值。以技术探索为目标的设计强调对新技术的运用和拓展，着重表达技术维度的设计价值。以商业目标为主的设计着

---

① 诺曼．情感化设计［M］．付秋芳，程进三，译．北京：电子工业出版社，2005.

重表达商业维度的设计价值。产品设计的研发周期和商业周期使得设计目标是动态的，需要提前预判未来的趋势和需求。因此，在设计决策实践中，应以前瞻性的眼光，根据设计目标的具体要求来判断价值表达的维度和方向。

三、设计迭代中的价值表达与价值生成

设计方案是设计价值的直观呈现，设计方案的价值属性在属性集中的特定位置构成了该设计方案的设计价值。设计决策就是在产品属性集合中对每个价值属性及其重要性进行评价，形成综合的判断[①]。因此，由设计决策推动的设计迭代也存在具有侧重性的价值表达。

摩托车造型设计项目是以商业销售为主要目标的设计项目，旨在打造一款全新造型设计的踏板摩托车。研发及生产均依托于成熟的125CC（排量）摩托车技术平台，具备成熟的生产配套体系以及完整的加工生产线。外覆盖件、坐垫、车灯等外观类零部件都需要根据设计方案开发新的模具，以满足批量生产。价值属性集涵盖了对社会价值、技术价值和商业价值的要求。通过对设计决策活动的观察和研究，不难发现决策主体的价值偏好在一定程度上影响了设计迭代的价值表达，从而生成不同的设计价值。本小节以坐垫、后挡泥板、前减震器的设计方案为例，进行深入分析。

如图4.17所示，坐垫的价值属性集 x={风格，材质，结构，成本}，形成了方案集 $X=\{X_1, X_2, X_3\}$，其中，X_1={普通，塑料PP（聚丙烯），一体式，制造成本低}，X_2={普通，塑料PP（聚丙烯），装配式，制造成本低}，X_3={高级，镀铬，一体式，制造成本高}。

---

① Shocker A D, Srinivasan V. Multiattribute Approaches for Product Concept Evaluation and Generation: A Critical Review [J]. Journal of Marketing Research, 1979(2): 159-180.

踏板摩托车的坐垫由坐垫底板、发泡坐垫两个部分组成。三款设计方案主要的区别在于坐垫底板的装饰件部分。方案一采用整体式坐垫底板，以及PP（聚丙烯）塑料，易于装配，制造成本较低，但造型风格也较为普通。方案二采用装配式坐垫底板，前部增加装饰件，并增加安装支点对装饰件进行固定，装饰件采用PP（聚丙烯）塑料材质，视觉效果并不突出。方案三的坐垫装饰件采用了汽车设计中广泛使用的镀铬材料，体现出了具有高级感的造型风格，但镀铬装饰件也提高了制造成本。

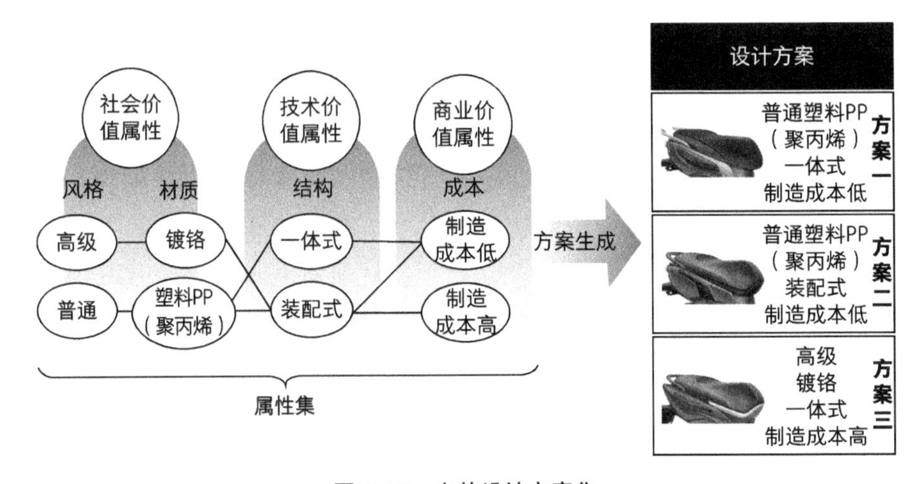

图 4.17 坐垫设计方案集

在决策过程中，用户认为方案三是最优方案，提出"汽车都用镀铬的装饰件，显得高档"的评价，也就是说，方案三在社会价值属性上具有较高的水平；但管理者对此持不同意见，提出"镀铬件成品率低、价格高"的评价，也就是说，方案三在技术价值属性和商业价值属性上处于较低的水平。起初两种决策意见未能达成共识：首先，用户和管理者都缺乏能够推动这个决定的专业知识；其次，虽然用户代表选择成本更高的设计方案，但管理者并不确定在商业市场上究竟有多少用户愿意为了和汽车一样高档的外观花更多的钱。

最终，通过进一步的调研，明确了镀铬所增加的技术难度和成本，选择方案三作为更优的设计方案，希望借高档的设计提升品牌的美誉度（获得更多用户的认可）。

针对坐垫的决策结果表明，用户的决策力起到了更为明显的作用。用户具有理想主义的价值观，其价值偏好集中在社会价值属性上，通过侧重表达社会维度的设计价值，用户的利益诉求得到了最大程度的实现。也就是说，在坐垫的设计迭代中，用户的价值偏好使得设计方案在社会价值属性上具有高水平，从而生成新的设计价值。

如图 4.18 所示，后挡泥板的价值属性集 x={风格，结构，工艺，成本}，形成了方案集 $X=\{X_1, X_2, X_3\}$，其中，X_1={新颖，分段式，多点装配，模具费用高}，X_2={平庸，全覆盖式，两点装配，模具费用高}，X_3={新颖，半覆盖式，单点装配，模具费用低}。后挡泥板的主要作用是遮挡后轮在行驶时卷起的泥土，一般装配点位于车架的后半部分。方案一采用了分段式的设计，造型风格上更为新颖，但安装方式复杂，需在车架上新增多个装配支点以满足分段式结构的稳定性；分段式的设计还产生了更高的模具开发费用。方案二采用了全覆盖式设计，后挡泥板遮挡住整个后轮，造型风格相较分段式设计略显平庸，但结构更为稳定，前后两点装配即可保证其稳定性；零件尺寸较大，模具开发费用也较高。方案三采用了半覆盖式设计，造型风格较新颖，但由于尺寸较短，只能采取单点装配的安装方式，长时间行驶后安装点位容易松动；零件尺寸较小，模具开发费用较低。

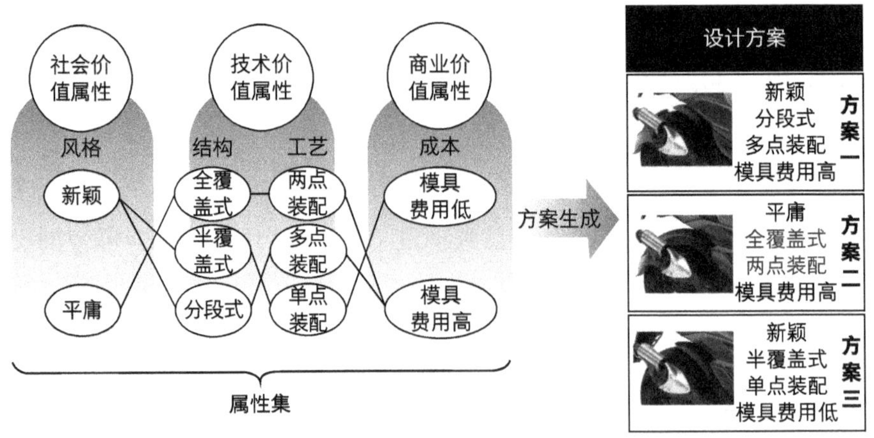

图 4.18 后挡泥板设计方案集

在决策过程中，设计师认为方案一更优，提出“是具有创意的设计”的评价；用户也对该方案表现出极大的热情，提出“很少在其他同类产品上看到这样的设计（新颖）”的评价，也就是说，方案一在社会价值属性上水平较高。然而，工程师认为方案二才是更好的选择，提出“结构合理，不容易掉”的评价，也就是说，方案二在技术价值属性上水平更高。设计创新是设计师的专业领域，产品结构是工程师的专业领域，设计师和工程师都无法认真地对需要专业技术知识的决策动机提出异议，他们只能挑战这些决定的结果。设计师和工程师之间就设计创意与结构稳定之间的重要性进行了激烈的辩论。最终，设计师做出了让步，原因是目标市场的维修成本较高，如果需要频繁维修，就会降低用户黏性。因此不得不舍弃了新颖的外观，而选择技术价值更优的方案。

针对后挡泥板的决策结果表明，工程师的决策力发挥了更重要的作用。而工程师具有技术主义价值观，其价值偏好集中在技术价值属性上，通过侧重表达技术维度的设计价值，工程师的利益诉求得到了最大程度的实现。也就是说，在后挡泥板的设计迭代中，工程师的价值偏好使设计方案在技术价值属性上具有高水平，从而生成新的设计价值。

如图 4.19 所示，前减震器的价值属性集 x={风格，颜色，结构，成本，售后}，形成了方案集 $X=\{X_1, X_2\}$，其中，X_1={丰富，双色，装配，新模具开发，易损}，X_2={单一，单色，独立，无须模具开发，不易损}。方案一在前减震器的侧边处加装了带反光条的护罩，具有较为丰富的风格和色彩，但需要将塑料护罩与前减震器进行装配；在使用过程中前减震器位置常发生碰撞，塑料材质的护罩容易损坏，并且该护罩不属于通用件，需要新开发模具实现生产。方案二去除了塑料护罩，将前减震器直接裸露在外，风格和色彩较为单一，但工艺简单并节省了模具开发的固定费用；同时减少了易损件的数量，降低了售后维修的频率。

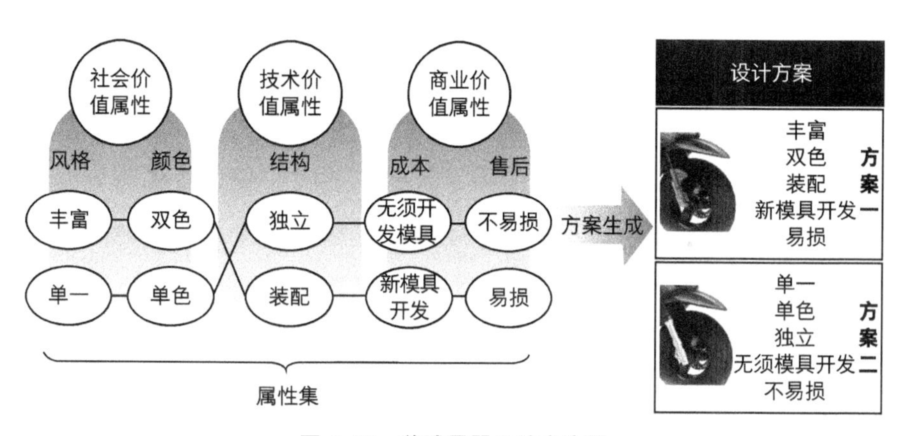

图 4.19　前减震器设计方案集

在决策过程中，经销商更认可方案一，提出“客户会觉得好看”的意见，也就是说，方案一在社会价值属性上水平较高。而供应商则更认可方案二，提出“（护罩）不牢靠，没有必要多加套模具”的意见，也就是说，方案二在技术价值属性和商业价值属性上处于较高的水平。设计决策最终选择方案二作为更优的设计方案。

针对前减震器的决策结果表明，供应商的决策力发挥了更重要的作用。而供应商具有实用主义价值观，其价值偏好集中在技术价值属性和商业价值属性上，通过侧重表达技术维度和商业维度的设计价值，供应商的利益诉求得到了最大程度的实现。也就是说，在前减震器的设计迭代中，供应商的价值偏好使设计方案在技术价值属性和商业价值属性上具有高水平，从而生成新的设计价值。

案例研究结果表明，决策主体的价值偏好是影响决策力的重要因素，决策主体通过决策力推动设计方案的迭代，使新方案在能满足自身利益诉求的价值属性上具有高水平，从而创造新的设计价值。利益诉求的差异使得这种创造是主观的、有偏好的，因此创造的价值也是有主观倾向的。

多主体决策中的决策力之间存在一种复杂的相互作用机制[①]，在这种机制中，不同决策主体将不同类型的利益诉求和价值观结合在一起，进行协同工作。在摩托车造型设计项目的决策过程中，一些决策是在没有意见分歧甚至没有过多讨论的情况下做出的，而另一些决策则经历了长时间的谈判甚至冲突。决策主体的价值偏好导致最终的决策结果呈现出不同的价值表达，有些决策主体的利益诉求得以实现，而有些则做出妥协。关于设计决策的主体之间如何分享决策力的经验性解释很少[②]。利益诉求的定量研究结果表明，六类决策主体可聚类为四种价值观：理想主义价值观、现实主义价值观、技术主义价值观和实用主义价值观，其分别对应不同的利益诉求。设计决策也是在这四种价值观之间进行平衡，即在决策主体间进行利益博弈，最终生成新的设计价值。从本书的研究来看，决策主体之间的利益博弈一方面取决于专业知识的相互承认，另一方面源于对设计整体

① Bowers J, Pycock J. Talking through Design: Requirements and Resistance in Cooperative Prototyping [C]// Proceedings of the SIGCHI Conference on Human Factors in Computing Systems, 1994.

② Bratteteig T, Wagner I. Disentangling Power and Decision-Making in Participatory Design [C]// Proceedings of the 12th Participatory Design Conference, 2012.

目标的让步。

需要说明的是，本书所讨论的决策主体价值偏好影响下的设计价值表达与生成是在决策主体相互信任、友好且较为理性的前提下展开的。然而，在设计决策实践中，利益博弈的环境并非理想化的，决策力之间合作、依靠、牵制关系的方向性还与决策主体的情绪、身份、业务能力、道德水平以及决策关系中的信任机制等非理性因素有关。关于这部分的研究将成为本书研究的后续延展，在未来的研究工作中继续进行。

第五节　本章小结

本章研究聚焦于决策力的语义表征、决策力关系、决策偏好和价值生成等问题。主要采用案例分析法，通过对设计方案的迭代过程和决策中的概念语义的系统研究，探讨设计迭代过程中决策力与价值生成的关系。研究结果总结如下。

第一，提出决策力是决策主体对设计决策的影响力，是决策主体推动设计迭代的方式和手段，是产品设计决策行为方式的具体表现形式。采用案例分析法，以摩托车造型设计项目为例进行研究，提出设计方案的选择和迭代依赖于决策主体的决策语义。根据决策主体的态度，决策语义分为肯定型、否定型、启发型三种，用以表明决策主体的个体期望，并形成后续设计方案的迭代目标。其中，肯定型决策语义导致了沿用式设计迭代，否定型决策语义导致了突变式设计迭代，启发型决策语义导致了进化式设计迭代。进一步印证了产品设计决策就是西蒙所说的决策系统，是决策主体的决策语义和决策对象的方案迭代之间的相互作用。

第二，对决策力的活动、任务和角色之间的关系进行了讨论，明确了决策力关系的产生机制。采用案例分析法探讨决策力关系，并提出基于任务的决策力关系框架，即执行同一项决策任务的两个决策主体之间具有决策力关系。对具体案例中的决策力关系进行分析，结果表明，六类决策主体的决策力呈现出了网络关系的特性，两两间具有紧密或疏离的决策力关系。设计方案的选择和迭代是在决策主体的决策力的共同作用下产生的。不同的决策力和决策力关系会引起设计迭代的方式和方向的变化，导致最后的设计方案具有不同的设计面貌。

第三，决策主体的价值偏好是影响决策力的关键因素。决策主体价值偏好实验研究结果表明，决策主体的价值偏好取决于利益诉求，即决策力与利益诉求具有一致性关系，决策主体的决策力集中在能够实现自身利益诉求的价值属性上，而忽视了与自身利益诉求无关的价值属性。价值表达驱动的设计是通过提高某一价值属性的独立水平，表达该维度的设计价值。决策主体的价值偏好导致新方案在满足其自身利益诉求的价值属性上具有高水平，从而创造新的设计价值。

第五章　产品设计决策的价值构架

第一节　概述

设计决策是设计问题求解的重要组成，所谓价值构架，是指设计问题求解的目的就是创造价值。从创造价值的意义上说，设计决策是一个价值构架。决策对象的特征和属性是价值表达的问题；决策主体的决策行为是对价值的架构和重构问题。对价值构架来说，价值创造方式有两重含义：一重含义是指人的需求动机，这是产生价值的原动力；另一重含义是指人与物发生关系的场景，这是实现价值的方式[①]。产品设计决策是一个由决策主体和决策对象构成的复杂决策系统，行为动机和行为方式是对决策行为形式上的概括。决策主体与决策对象之间构建了由行为动机（利益诉求）和行为方式（决策力）形成的两条路径，分别对应了价值创造方式的两重含义。其中，行为动机是产生价值的动力，行为方式是实现价值的方式（第二章）。产品设计决策主体由多种角色构成，其利益诉求是展开决策的行为动机，决定了设计决策的走向（第三章）。决策力推动了设计迭代，构建了设计价值，是决策行为方式的具体表现（第四章）。前三章的研究结果为本章研究的方法论提供了理论基础。

① 赵江洪，赵丹华，顾方舟．设计研究：回顾与反思［J］．装饰，2019(10)：24-28.

以价值为中心的设计思维表明，对于决策活动来说，首先应当进行价值判断，然后提出意见，架构新的价值[①]。本章讨论的重点是设计决策的价值判断与设计决策的价值实现。首先，从认知路径、认知结构和认知过程对设计决策的价值判断进行讨论，总结价值判断在设计决策中的作用和意义；其次，提出主体认同是设计价值实现的决定性因素，如何对决策主体的利益诉求进行兼顾是设计决策研究中的重要理论和实践问题。

本章试图提出基于价值构架的设计决策方法论。所谓方法论，是指对设计行为、设计过程和设计中的认知活动进行提纲挈领性的描述，侧重于设计过程中的创新思维、创新模式以及如何提供有效手段辅助设计创新等，是设计方法遵循的内在逻辑[②]。基于价值构架的设计决策方法论的核心是对设计决策的内在动机、行为作用、互动关系进行提炼，建立设计决策与设计价值创造之间的内在逻辑关系，同时为理解和协调产品设计决策中多主体间的关系提供理论基础。

第二节　设计决策主体的认知路径

设计决策认知发生在决策主体对决策对象的理解上，是以决策主体的生理基础为载体，由诸多主观因素有机构成的、对决策对象的解读。大量的实验研究表明，人基于一定的认知基础和认知参照来理解设计物。参照是人在认知世界时的基本方法[③]。本节将基于认知参照点的概念对设计决策主体的认知路径进行讨论。

---

① 基尼．创新性思维：实现核心价值的决策模式［M］．叶胜年，叶隽，译．北京：新华出版社，2003.

② 赵江洪．设计和设计方法研究四十年［J］．装饰，2009(9)：44-47.

③ 赵永峰．认知社会语言学视域下的认知参照点与概念整合理论研究［J］．外语与外语教学，2013(1)：5-9.

一、认知参照点与心理路径

基于心理原型的概念提出的认知参照点模型是认知研究中被广泛应用的模型之一（见图 5.1）。该模型表明，作为认知主体的人，在认知社会现实的时候，要在一定的认知参照域内选取一个特定的概念作为认知对象的参照点。

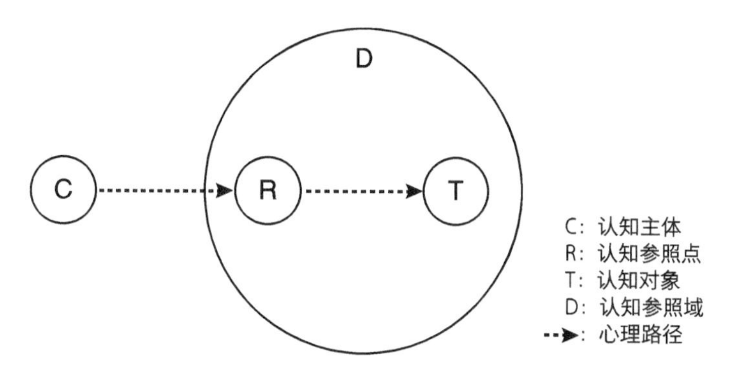

图 5.1　认知参照点模型

资料来源：Jung C G. The Archetypes and the Collective Unconscious [M]. London: Routledge, 1991.

心理原型指的是个体已有经验中代表范畴的认知图式，是认知范畴中的原型。Jung 认为，心理原型源于人类的经验，由于不断重复而被深深地“镂刻”在心理结构之中，这种“镂刻”代表的是某种类型的知觉和行为的可能性[①]。从认知的角度来说，这种“镂刻”本质上是一种知识经验的凝结过程[②]。Rosch 通过实验证明了心理原型在感知过程中可以发挥理想的锚定点作用[③]，也就是说，心理原型可以作为认知参照点协助完成对新事物的认知。认知的心理路径就

---

① Jung C G. The Archetypes and the Collective Unconscious [M]. London: Routledge, 1991.

② 尹超 . 事件原型衍生的自然交互设计与应用 [D]. 长沙：湖南大学，2014.

③ Rosch E. Cognitive Reference Points [J]. Cognitive Psychology, 1975(4): 532-547.

是借助心理原型作为认知参照点，在特定的认知参照域内进行信息搜索，并将认知对象与心理原型进行对标，从而完成对认知对象的认知理解。

二、基于情境的决策主体认知路径

决策认知是在特定的情境中发生的，认知发生的情境对认知参照点（心理原型）的选取和认知主体的心理路径都起到重要作用。关于心理原型的多样性，荣格指出："生活中有多少种典型环境，就有多少个原型。无穷无尽的重复已经把这些经验刻进了我们的精神构造中，它们在我们的精神中并不是以意义的形式出现，而是以没有意义的形式出现，仅仅代表着某种类型的知觉和行动的可能性。当哪种符合特定原型的情境出现时，哪个原型就会复活，从而形成一种强制力。"[①] 这说明心理原型是人类心理上的理解模式，本身没有意义，需要在一定的情境条件下被唤醒和激活，与其他情境因子结合或产生新的衍生变体[②]，成为特定情境下的衍生原型。Langacker 认为，认知参照点和认知对象都处于根据认知需要临时建立的认知情境之内[③]。此外，他还通过夜空现象形象地解释了认知参照点和认知情境的关系：认知主体首先需要在一定的区域内确定一个具有明显特征的"参照星"，再以其为参照点在该区域内寻找"目标星"，而并非在整个星空中去寻找"目标星"。也就是说，决策主体对决策对象的认知是在有限的区域内和特定的情境下完成的。

本书在认知参照点模型的基础上提出了基于情境的认知参照点

---

① 荣格 . 荣格文集：让我们重返精神的家园［M］. 冯川，译 . 北京：改革出版社，1997.

② 李砚祖，王明旨，柳沙 . 设计艺术心理学［M］. 北京：清华大学出版社，2006.

③ Langacker R W. Reference-Point Constructions［J］. Cognitive Linguistics, 1993(1): 1-38.

模型（见图 5.2）。作为认知参照点的 R 是对人们经验归纳、概括和抽象化的结果，是主体产生知觉和认知的心理原型。在特定的情境下，心理原型产生新的衍生变体，成为具有特定情境含义的衍生认知参照点 R'。认知主体以具有特定含义的 R' 为认知参照，完成了特定情境下对认知对象的认知。

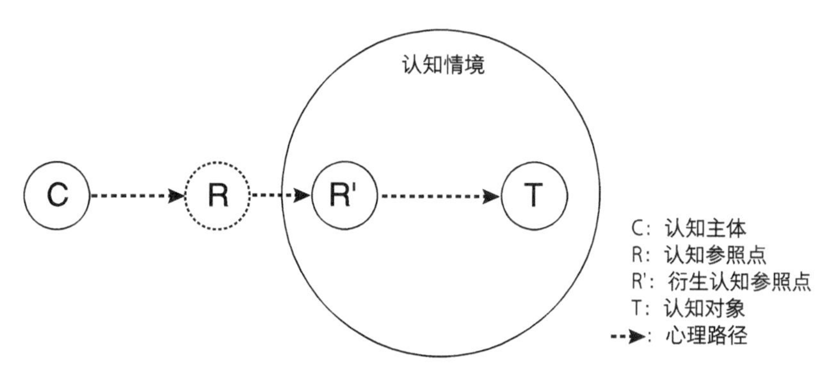

图 5.2　基于情境的认知参照点模型

本书第三章全面讨论了产品设计决策中六类决策主体的利益诉求，即实用性利益诉求、经济性利益诉求和情感性利益诉求，证明了利益诉求是特定情境中决策主体在决策对象上的需求投射，是一种情境化的意识形态。根据罗茨（Rosch）的观点，利益诉求在设计决策认知中起到了锚定点的作用。这与决策主体作为认知主体如何以心理原型为认知参照点来解读决策对象的信息具有相同的性质。

在产品设计决策这一特殊的认知情境中，六类决策主体是设计决策的认知主体，其心理原型与利益诉求产生之间具有特定情境含义的衍生认知关系，即利益诉求作为心理原型的衍生变体，成为设计决策情境下的认知参照点。所谓设计决策的认知路径，就是在设计决策的特定情境下，决策主体以利益诉求为认知参照点来完成对决策对象的认知解读（见图 5.3）。

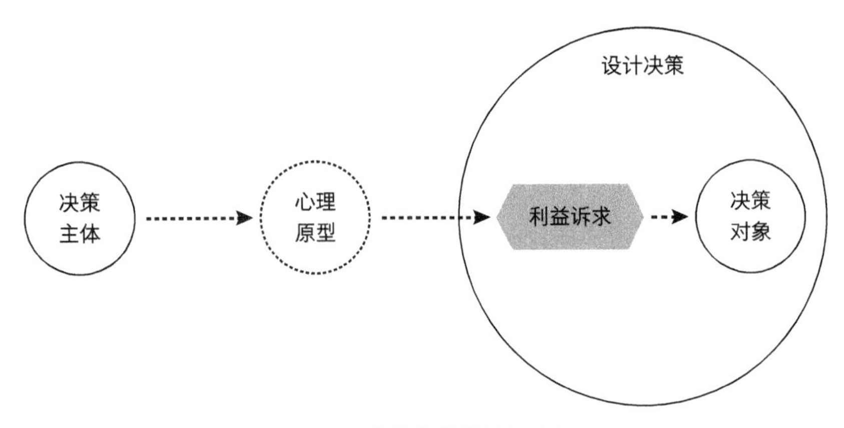

图 5.3　决策主体的认知路径

第三节　设计决策主体的价值判断

设计决策无法脱离对价值判断的依赖，对设计价值进行评价是使设计方案走向合理、规范、更新、发展的关键，也是进行设计决策的前提条件[①]。设计决策主体的价值判断具体是指决策主体在设计决策中对决策对象产生价值预期并进行价值比较，最终对决策对象价值内涵做出的判断。价值判断的过程依赖于决策主体对决策对象的认知。决策主体通过对决策对象的特征识别获得的认知解释是其进行价值判断的依据，而正确的价值判断取决于各决策主体对决策对象的认知[②]。因此，基于决策主体的认知对决策对象各个维度的设计价值进行价值判断是设计决策的核心。本节通过对认知结构以及认知过程的研究，提出了基于设计决策主体认知的价值判断策略。

① 李立新．设计价值论［M］. 北京：中国建筑工业出版社，2011.

② Lera S G. Empirical and Theoretical Studies of Design Judgement: A Review［J］. Design Studies, 1981(1): 19-26.

一、认知结构与价值判断

价值哲学的核心问题是决策，决策的核心问题是价值判断①。价值判断是对决策对象是否有价值的判断，为决策主体提供了行为依据②。Cho 认为，价值判断基于的事实是：人们在该产品上赋予更多的价值，从而比起其他产品更喜欢该产品③。Barsalou 从心理学角度提出了个体认知与设计决策的关联，认为由主观因素有机构成的认知结构是决策的先导和决定因素④。在心理学领域，认知被视为主体对外界事物的刺激形成综合认识的过程，既是人的知识、概念、思维等理性因素的积淀，又是文化情感、主观信仰和价值观念等非理性成分的积淀⑤。因此，价值判断在一定程度上依赖于决策主体对决策对象的认知。

人的认知活动不仅要认识客观世界的本来面目，还要认识客观世界对人的意义⑥。价值判断是价值主体对价值客体客观价值的系统性认知。完整的价值判断需要经过三个步骤：第一，认识价值客体的价值本质、价值属性，理解价值客体的价值规律；第二，明确价值主体的价值需要；第三，以价值主体的价值需要对价值客体的价值本质、价值属性、价值规律进行衡量，判断价值客体是否满足价值主体的需要，以及以何种程度和方式满足价值主体的需要。因此，

---

① 葛彬超．论杜威价值哲学的人学向度［J］．江汉论坛，2008(8)：53-55.

② Ginsborg H. Critique of the Power of Judgment [M]. Durham: Duke University Press, 2002.

③ Cho S. Aesthetic and Value Judgment of Neotenous Objects: Cuteness as a Design Factor and Its Effects on Product Evaluation [M]. Ann Arbor: University of Michigan, 2012.

④ Barsalou L W. Cognitive Psychology: An Overview for Cognitive Scientists [M]. New York: Psychology Press, 2014.

⑤ Shannon C. A Mathematical Theory of Communication [J]. Bell System Technical Journal, 1948(3): 379-423.

⑥ 秦越存．价值评价是一种特殊的认识活动［J］．唯实，2002(6)：3-6.

价值判断的认知结构可以从决策对象、决策主体以及两者间的价值关系三方面进行讨论。

决策对象是价值判断的客体要素，既是价值客体又是认知客体。作为价值客体，一方面，决策对象是一种客观事实，具有客观的特征、功能、结构等；另一方面，决策对象的客观事实还可以转变为通过价值主体的存在和变化所表现出来的主体性事实。作为认知客体，决策对象通过其造型特征等外显符号刺激决策主体的视觉、触觉等感觉通道来形成个体的认知，传递了主体性事实中蕴含着的价值信息和价值关系。这种价值信息和价值关系根据主体的需要而形成不同的个体认知结果。因此，决策对象作为价值判断的客体要素，是一种特殊的认知对象。

决策主体是价值判断的主体要素，既是价值主体，又是认知主体。根据决策对象的主体性事实，价值判断的标准是由价值主体决定的，价值的根本特性就在于它的主体性。价值主体的需要主导和决定了价值的生成与价值的存在。作为价值主体，决策主体会根据自身需求衡量价值客体有无价值及价值的大小；作为认知主体，决策主体既要充分认识决策对象“是什么”，还要将这种认识与自身需求相结合，确认决策对象对决策主体的意义，才能实现“可能是什么”的正确决策。

价值关系是价值判断的中间要素，既包括价值主体和价值客体之间的需要与满足关系，也包括认知主体和认知客体组成的认知与被认知关系。一方面，价值主体在价值关系中起着主导作用。价值主体的需要是价值生成的内在动因，价值客体的价值属性是价值生成的必要条件。从价值意义上说，价值客体的价值属性本身无法表明任何的效用，是价值主体的需要决定了价值客体是否具有价值以及具有何种价值。只有当价值客体的价值属性满足了价值主体的需要，价值客体的价值才能得到体现。另一方面，对需要和满足关系的判定取决于主体与客体之间的认知关系。充分地认识和理解价值客体本身的价值属性是判断价值客体是否满足价值主体需要的前提。

综上所述，价值判断作为设计决策的先决条件，是指对设计价值进行认识和判别。价值判断的认知结构是以决策主体为认知主体、以决策对象为认知客体的基于价值关系的特殊认知活动。

二、基于认知过程的价值判断

价值判断的认知结构表明，价值判断是认识价值、衡量价值的特殊认知活动。认知心理学认为，认知的基本过程是外部信息经由感觉器官形成感觉信息传入大脑，大脑将感觉信息与脑内的存储信息（认知参照点）进行比对，赋予认知对象一定的含义，并做出一定的心理反应和行为反应。从信息加工角度来看，认知的过程包含了自下而上的信息加工过程和自上而下的信息加工过程（见图 5.4）。

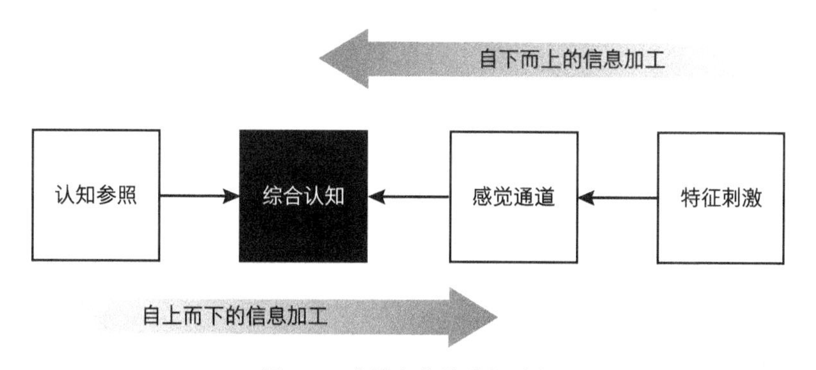

图 5.4　决策主体的认知过程

自下而上的信息加工过程从外部信息开始，以感觉器官为通道，对特征刺激信息进行收集。人的心理和行为被置于一个开放的社会系统之中，在外部环境的包围与影响下存在着一个由物理环境、社会环境和概念环境要素组成的认知环境与由欲望、意图等要素组成的自我状态构成的心理生活空间，这个空间形成了一个心理动力场[①]。外部信息以各种不同的方式组合，与人的心理动力场进行匹配，引发人的情感反应，形成综合的认知体验。自下而上的信息加工过程强调了个体知觉通过模式匹配对外部信息进行的选择和整合，体现了认知的主动性和主观性。

自上而下的信息加工过程是先入为主的认知过程，先对认知对象抱有特定的期望和假设，以期望和假设为认知参照，对接收到的外界信息进行加工，从而形成具有判断性的认知体验。自上而下的信息加工过程强调了基于认知参照对外界信息进行解读所形成的认知体验，体现了认知的批判性和创造性。

在实际认知过程中，自上而下和自下而上两种信息加工方式是同步进行的，形成了统一的认知过程[②]。价值判断也分为自下而上的信息加工以及自上而下的信息加工，本书基于认知过程提出设计决策的价值判断模型（见图 5.5）。从自下而上的信息加工过程来看，价值判断的外部信息来源是决策对象的价值属性；从自上而下的信息加工过程来看，决策主体的利益诉求是设计决策中的认知参照。产品设计的决策对象具有多维的价值结构，由几个相互关联的属性或维度组成，这些属性或维度构成了复杂现象的整体表示[③]。本书第二章对产品设计的价值属性进行了深入分析，产品设计具有社会、技术、商业三个维度的价值属性，并通过体量、型面、图形三个层次的造型特征外化表现，构成了设计价值的整体表现。六类决

① 张茉楠，李汉铃. 不确定性情境下决策主体认知适应性研究的范式探索［J］. 中国软科学，2003(12)：141-146.

② 白帆，邓杨慧. 关于当前知觉理论研究的思考［J］. 社科纵横（新理论版），2010(3)：317-318.

③ Williams P, Soutar G N. Dimensions of Customer Value and the Tourism Experience: An Exploratory Study［C］// Australian and New Zealand Marketing Academy Conference, 2000.

策主体的利益诉求通过三个维度的价值属性得以实现。因此，所谓价值判断，就是以决策主体的利益诉求为认知参照，对决策对象多个维度的价值属性进行具有主动性、主观性、判断性和创造性的认知解读，衡量决策对象（设计方案）有无设计价值及设计价值的大小。

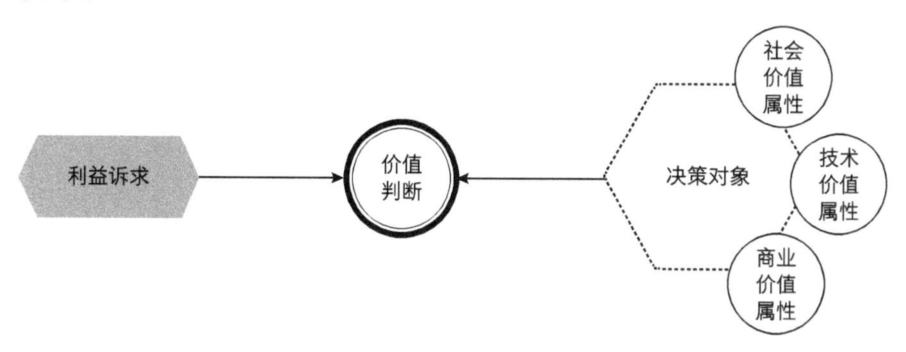

图 5.5　基于认知过程的价值判断模型

第四节　基于价值构架的产品设计决策方法论

一、主体认同与设计价值实现

设计价值具有一定的客观属性，是设计物本身存在的价值潜能，隐含着设计价值被实现的可能性，构成一种稳定、静止的价值结构①。在生活实践中，这种特定的价值潜能在特定的场景下通过某种形式产生某种功能，形成特定的价值效用。

设计的价值潜能会随着实际需求的不同而产生意义上的转变。对于同一个产品，一部分人接受这部分的功能和意义，另一部分人接受另外的功能和意义，于是价值效用发生了转化。例如，人们在

① 李立新．设计价值论［M］．北京：中国建筑工业出版社，2011.

沐浴时使用的沐浴液产品。一方面，借助沐浴液中的表面活性剂成分带走皮肤上的污垢，进行身体清洁；另一方面，沐浴液清香的味道使人获得良好的嗅觉体验。对大多数沐浴液的用户来说，清洁功能所体现的价值认同度更高，沐浴液清洁功能的价值效用高于气味功能的价值效用。但在西非某些地区，人们使用沐浴液时只是将其涂抹在身体表面并不进行冲洗，从而保持更浓郁的香气，对于这些用户来说气味功能是更为重要的，他们对气味功能所体现的价值认同度更高，此时沐浴液气味功能的价值效用高于清洁功能的价值效用。

从以上实例不难看出，客体的价值潜能是客观的，而主体认同是主观的。主体认同是群体共同利益的基础，决定成员的行为、认知和看法[①]，是由主体在社会生活中的角色、兴趣、需求决定的。设计价值的主体认同是基于个人的主观意志对客体的价值潜能进行反思和认可。主体认同作为一种建构主义哲学范式，强调的是突出建构者的主体地位[②]。只有客体价值被主体所认同，其价值潜能才能得到有效的发挥。就如同上述实例中，沐浴液的清洁作用与气味是客观存在的，但由于使用者的使用偏好和需求差异，使其呈现出了截然不同的价值实现。因此，价值实现的基础是客体所具有的价值潜能在主体认同的过程中被激发和呈现出来，而设计价值就是设计方案价值潜能基于决策主体认同的价值实现。

决策对象的价值潜能是多维的，而决策主体认同是有限的。决策对象中只有被决策主体认同的那部分价值潜能才能发挥其价值效用，设计价值才能得以实现。决策力的价值偏好也进一步证明，决

---

① 吉登斯．现代性与自我认同：现代晚期的自我与社会［M］．赵旭东，方文，译．北京：生活·读书·新知三联书店，1998.

② 李红梅．农民教育模式创新：主体认同与知识分享［J］．继续教育研究，2017(12)：45-47.

策主体只关注与自身利益诉求处于相同维度的设计价值，其他维度的价值潜能则无法实现。这意味着利益诉求是形成价值认同的重要原因，决定了决策对象的价值生成和价值实现。

二、多主体决策中的利益兼顾

既然利益诉求决定了设计价值的生成和实现，决策主体利益诉求的差异使得设计价值的生成和实现之间存在着一定的不平衡性。价值的实现意味着利益的获得与牺牲之间的权衡[①]，需要依靠某种显性或隐性的协商机制对决策主体之间的利益诉求进行平衡。Ury 等提出了以权益为基准的设计协商策略，认为找到消除障碍的方法使得所有人的利益得到兼顾是最理想的协商策略[②]。决策主体群体构成研究表明，决策主体是设计的利益相关者，原则上所有的决策主体都具有内在的价值，需充分考虑每个个体的利益。对于一般多主体合作型问题而言，最理想的解决方法应当是所有成员都能如实地交流信息，使所有个体的利益都能得到兼顾。

设计决策离不开所有决策主体的支持，但不同决策主体对设计决策的作用方式和参与形式是不一样的。所有的参与者都有可能产生影响，但这些影响并不是同等重要的[③]。如果同等对待每一个决策主体的利益诉求，那造成的结果就是把极不相同的利益诉求混在一起，进而产生自相矛盾的决策目标。因此，即使充分了解了每类决策主体的利益诉求，也并不意味着所有决策主体的利益诉求都会得到充分满足。小米公司的创始人雷军认为，成功的产品是追求极致、

---

① Sánchez-Fernández R, Iniesta-Bonillo M Á. The Concept of Perceived Value: A Systematic Review of the Research [J]. Marketing Theory, 2007(4): 427-451.

② Ury W L, Brett J M, Goldberg S B. Getting Disputes Resolved: Designing Systems to Cut the Costs of Conflict [M]. San Francisco: Jossey-Bass, 1988.

③ 沃克，马尔．利益相关者权力：21 世纪企业战略新理念 [M]．赵宝华，刘彦平，译．北京：经济管理出版社，2003.

用户需求、企业实践之间的妥协。因此，利益兼顾并不是要求对每一个决策主体的利益诉求等量齐观，而是在科学分类的基础上对重要的决策主体给予更多的重视，使其利益诉求得到更高程度的实现。而对于某些非重要的决策主体而言，适当降低其利益诉求的实现程度也是恰当的。

在决策实践中，决策主体围绕着某一个或某几个设计方案进行选择和评价，主体之间存在一个共同的决策目标，即设计的目标。基于共同目标进行设计决策意味着决策主体在决策活动中具有既冲突又一致、既合作又竞争的性质。利益诉求的平衡点是由各方理性妥协达到的，而非某个个体利益的充分实现。因此在设计决策中应当首先保证系统利益的最大化（实现设计目标），区分决策主体重要性的核心是判断哪一方决策主体的利益诉求对于当前的设计整体而言更有益，再优先满足其利益诉求。

三、基于价值构架的产品设计决策方法论框架

从设计价值的意义构建产品设计决策的方法论是本书研究的重点。第二章的研究结果表明：设计决策是一个价值构架；决策对象的特征和属性是对设计价值的表达；设计决策行为对设计价值进行了架构和重构，行为动机是设计价值产生的动力（价值创造方式的第一重含义），行为方式是设计价值的实现方式（价值创造方式的第二重含义）。第三章的研究结果表明：产品设计决策主体由多种利益相关者角色构成；每种角色具有特定的利益诉求，并通过决策对象不同维度的价值属性得以实现；决策主体的利益诉求是其展开设计决策的行为动机，决定了设计决策的走向。第四章的研究结果表明：决策力（决策语义）是设计决策行为的具体表现形式，决策主体的决策力共同推动了设计迭代；决策主体的价值偏好是影响决策力的关键因素，决策力集中分布在能够实现决策主体自身利益诉求的价

值属性上，决策主体的价值偏好在一定程度上导致了新方案在能够满足其自身利益诉求的价值属性上具有高水平，从而生成新的设计价值。基于以上研究结果，本书提出了基于价值构架的产品设计决策方法论框架（见图 5.6）。

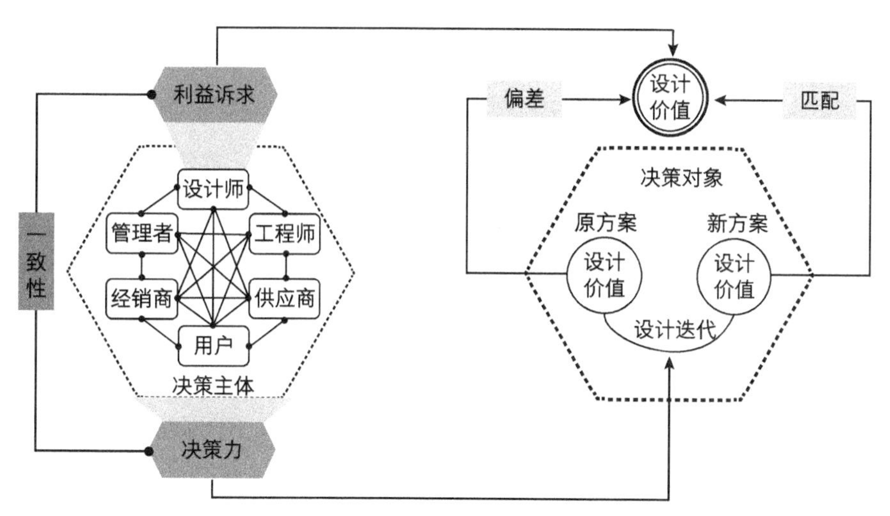

图 5.6 基于价值构架的产品设计决策方法论框架

在设计价值方法论中，有一个重要的核心，即立足于主客体关系来架构价值[①]。产品设计决策正是由决策主体和决策对象构成的决策系统。决策主体包括设计师、工程师、管理者、供应商、经销商、用户六类利益相关者角色。决策主体的认知支持了决策主体利益诉求与决策对象设计价值的匹配过程，价值判断是对匹配结果的反映。当设计方案表达的设计价值与决策主体的利益诉求之间存在偏差时，决策主体会对该设计方案形成负向的价值判断。当设计方案表达的设计价值与决策主体的利益诉求相匹配时，决策主体会对该设计方案形成正向的价值判断。决策力与利益诉求的分布具有一致性（决

① 赫斯科特．设计与价值创造［M］. 尹航，张黎，译．南京：江苏凤凰美术出版社，2018.

策主体的价值偏好取决于其利益诉求），对决策主体来说，当设计方案的设计价值与其利益诉求之间存在偏差时，决策力会作用于设计迭代，使新方案在能够满足其自身利益诉求的价值属性上具有高水平，直至新设计方案的设计价值与其利益诉求相匹配，完成了对设计价值的架构和重构。方法论框架从价值创造的角度对产品设计决策进行了阐释，表明了设计决策是对设计价值的架构和重构，是一种价值构架。这种突出建构者主体地位的价值构架将主体的主观动机和执行手段进行了统一。设计决策的行为动机（利益诉求）和行为方式（决策力）就是设计决策作为价值创造方式的两重含义，其中，利益诉求是设计价值产生的动力，决策力是实现设计价值的方式。

此外，方法论框架还对利益诉求和决策力的主体范围进行了抽象：利益诉求是个体的利益诉求，决策力是多主体（六类决策主体）决策力的集合。以利益诉求为认知参照点进行价值判断是决策主体基于自身利益诉求的个体行为。六类决策主体的利益诉求存在较大的差异，体现在不同维度的价值属性上。针对同一设计方案，决策主体有可能做出截然不同的价值判断。然而，设计方案的迭代是在六类决策主体决策力的共同作用下产生的。在设计决策活动中，需要全面考虑六类决策主体的价值判断结果并对其进行有效的管理，其中涉及不同的利益诉求。利益诉求是形成价值认同的重要原因，决定了决策对象的价值生成和价值实现。这意味着，设计决策要对不同决策主体的利益诉求进行兼顾。多主体决策中的利益兼顾并不是要求对每一个决策主体的利益诉求等量齐观，而是在科学分类的基础上对重要的决策主体给予更多的重视，使其利益诉求得到更高程度的实现。而对于某些非重要的决策主体而言，适当降低其利益诉求实现程度也是恰当的。设计决策作为一种设计价值的构架，需要在兼顾六类决策主体利益诉求的基础上，创造出新的设计价值。

四、基于价值构架的产品设计决策方法论应用拓展

基于价值构架的产品设计决策方法论框架是在设计决策和设计价值之间建立的一种方法论。所谓方法论，是关于目标及其实现途径的理论。基于价值构架的产品设计决策方法论探讨的是：作为一个价值构架，设计决策如何对设计价值进行架构和重构。在实际应用中，需要将这种精简、抽象的理论框架转变为一个易理解、可操作的具体方法，进而指导产品设计决策实践。

第二章以交通工具为例，详细分析了产品设计价值属性。价值属性包含十个属性标签，可归纳为社会价值、技术价值、商业价值三个综合价值维度，是隐藏在产品形态中的隐形信息。造型特征可划分为体量特征、型面特征、图形特征三个层级，是由产品形象直接说明的显性的信息系统，也是呈现价值或者表达价值的途径。价值属性与造型特征之间的关系遵循了“形式跟随意义”的设计原则，这种关系对设计决策起到了积极的作用。所谓设计决策，就是通过对决策对象造型特征的认知、评判和筛选，实现对决策对象价值属性的架构和重构。第四章的研究结果表明：决策语义作为决策力的表征推动了设计方案的迭代，决策主体的不同态度形成了三种不同的决策语义，继而导致不同形式的设计迭代，使设计方案呈现出不同的样貌，最终生成新的设计价值。基于以上研究结果，笔者在基于价值构架的产品设计决策方法论框架的基础上进行更为具体的应用拓展（见图 5.7）。

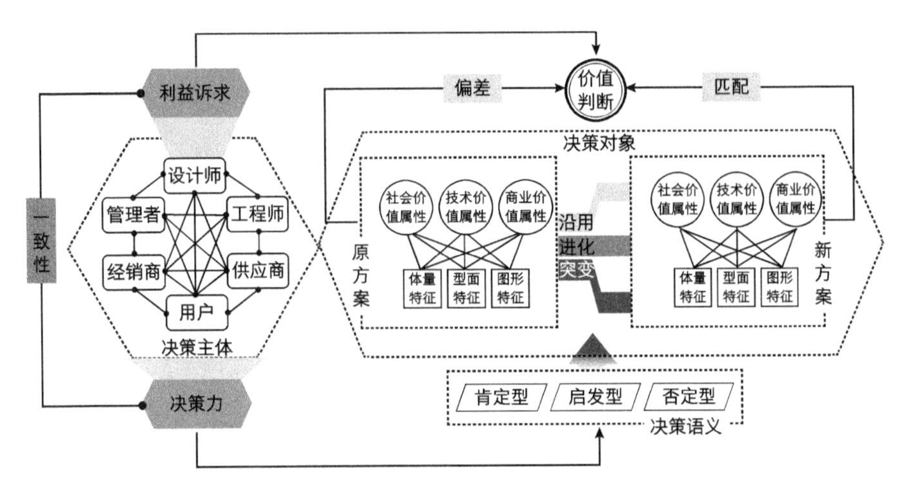

图 5.7 基于价值构架的产品设计决策应用拓展

图 5.7 表明，在设计决策中，决策主体基于各自的利益诉求对决策对象进行价值判断。当设计方案的价值属性与决策主体的利益诉求之间存在偏差时，决策主体会对该设计方案形成负向的价值判断。于是，决策主体通过决策语义（决策力）推动设计的迭代。肯定型、启发型和否定型的决策语义分别导致了沿用式、进化式、突变式的设计迭代，形成了新的造型特征，同时生成了新的价值属性。当新方案的价值属性与决策主体的利益诉求相匹配时，意味着决策主体对新方案形成了正向的价值判断。新设计方案就是通过设计决策所获得的满意的设计解，同时新方案的价值属性中蕴含了通过设计决策所创造的设计价值。

基于价值构架的产品设计决策应用拓展是在较为理想的状态下，针对产品设计领域的决策应用进行研究，所讨论的利益诉求和决策力主要基于决策主体的理性需求与理性判断。在决策实践中，外部事件干预、决策主体情绪、不可抗力等非理性因素也会影响决策结果。该模型的局限性在于未体现这些非理性因素对设计决策的影响，关于这一部分的分析将在未来的研究中继续展开。

第五节　本章小结

本章以第二、三、四章的研究内容和研究结论为基础，以价值判断研究为前提，探讨了基于价值构架的产品设计决策方法论及其应用拓展。

第一，采用理论分析的方法对设计决策中的价值判断进行了详细分析。研究提出，设计决策具有多维的价值向度，价值判断取决于决策主体对决策对象的认知。在设计决策主体认知路径的研究中，本书创新性地提出了基于情境的认知参照点模型。以此为基础，提出基于情境的决策主体的认知路径，即在产品设计决策的特定情境下，决策主体作为认知主体，以利益诉求为认知参照点，完成对决策对象的认知。设计决策中的价值判断就是以决策主体的利益诉求为认知参照点，对决策对象社会维度、技术维度、商业维度的价值属性进行具有主动性、主观性、判断性和创造性的认知解读，从而对决策对象的设计价值进行全面判断。

第二，基于价值构架的产品设计决策方法论框架表明，价值判断支持了价值匹配的过程，决策主体基于利益诉求对设计方案的设计价值进行判断，继而通过决策力推动设计方案的迭代，使新方案在能够满足其自身利益诉求的价值属性上具有高水平，从而生成新的设计价值。结合价值构架中价值创造方式的两重含义：利益诉求是设计决策的行为动机，是设计价值产生的动力；决策力是设计决策的行为方式，是实现设计价值的方式。其中，利益诉求是决策主体的利益诉求，而决策力是多主体（六类决策主体）决策力的集合。利益诉求是形成价值认同的重要原因，决定了决策对象的价值生成和价值实现。设计决策作为一种设计价值的构架，要在兼顾六类决策主体利益诉求的基础上创造新的设计价值。

第三，基于价值构架的产品设计决策应用拓展表明了在基于理性需求与理性判断的应用场景下，产品设计决策对设计价值进行架构和重构的具体方法，即在产品设计决策实践中，价值判断引导设计决策，肯定型、启发型和否定型的决策语义导致了沿用式、进化式和突变式的设计迭代，形成了新的造型特征，同时生成了新的价值属性。新设计方案就是通过设计决策所获得的满意的设计解，新方案的价值属性中蕴含了通过设计决策所创造的设计价值。

第六章　结　论

产品设计是由多个决策组成的问题求解过程，设计决策的根本问题是设计价值的问题。本书从价值创造的视角对产品设计决策问题展开研究。

研究主要围绕三个问题展开：如何在价值创造的视角下构建产品设计决策的研究框架；设计决策主体的群体构成及其利益诉求是什么；产品设计决策如何通过决策力创造设计价值。针对研究问题，本书采用了理论研究与实证研究相结合的方法。理论研究部分以设计学的研究范式为主，涉及心理学、管理学、经济学等领域的研究基础，为本书研究提供理论依据。实证研究部分采用了案例分析法、参与式观察法、调研法、实验法等，包括两轮踏板车设计项目、摩托车造型设计项目、两轮车创新设计项目三个案例，以及设计决策参与度实验、决策主体利益诉求访谈实验、决策主体利益诉求实证研究、决策主体价值偏好实验四个调研与实验，为本书研究提供事实依据。结合理论研究与实证研究，本书提出了理论框架、模式和模型。

研究基本内容包括：第一，以决策理论、价值理论、群体创新、群体决策为理论背景，定义了本书的研究对象、专业术语，对研究问题、方法和内容进行了综述；第二，基于价值构架的设计决策研究框架，建立了基于价值构架视角的产品设计决策研究框架，确立了本书的研究范围与研究重点；第三，产品设计决策主体及其利益诉求，主要研究产品设计决策的群体构成，并对利益诉求进行定性及定量研究；第四，产品设计决策力与设计价值生成，主要研究决策力的语义表征、决策力关系、决策价值偏好与设计价值生成的关系；第五，提出了基于价值构架的产品设计决策方法论及其应用拓展。

第一节　理论成果和创新

第一，在基于价值构架的设计决策研究框架中，首先，通过文献研究和理论研究论证将设计决策作为一种价值构架进行研究的合理性；其次，以两轮交通工具产品为例，对决策对象的价值内涵进行了详细的研究；最后，提出了本书的研究框架，确立了本书的研究范围与研究重点。主要研究成果和创新总结如下。

基于多斯特模型提出，从创造价值的意义上说，设计决策是一个价值构架，对设计价值进行架构和重构。设计决策促进了设计收敛，推动了设计迭代，管理了设计流程。设计的过程就是一个决策的过程，不仅要通过设计决策过滤掉有风险的不良设计，还要通过设计决策寻求不良设计的替代方案，即对“未来是什么”的创造。在价值构架的理论框架下对产品设计决策问题进行讨论是合理、可行且必要的。

以两轮摩托车产品为例，以摩托车展会调研内容及各大摩托车生产企业产品图册等文献资料为素材，研究了决策对象的价值内涵。采用文献研究和工作坊方法，收集了83条价值属性描述信息，提出了价值属性量表，一方面全面表达了决策对象的价值属性，另一方面为设计决策提供一种决策标签，便于对决策语料进行识别和分类。价值属性量表包含十个属性标签，可归纳为社会价值、技术价值、商业价值三个综合价值维度，为研究提供了定性和定量的研究基础。同时，以案例分析为基础，按照体量特征、型面特征和图形特征研究决策对象的造型特征，提出造型是呈现价值或者表达价值的途径。

采用参与式观察的方法，以两轮踏板车设计项目为例，具体讨论三个维度的价值属性与产品造型特征的关系，从而分析决策主体的决策意见对决策对象的实际影响。本书对多斯特模型进行了修改，将产生价值的动力和实现价值的方式嵌入模型，并将其称为方式、价值和构架关系，以此作为本书研究框架的基础。以决策系统为研究前提，以多斯特模型为理论基础，提出了本书的研究框架——产品设计决策行为关系，确立了本书的研究范围与研究重点。

总之，设计和设计研究的根本目的是创造出合理的设计价值，关于设计决策的研究要体现出其对价值创造的作用，也就是作为价值构架的意义。

第二，在关于决策主体及其利益诉求的研究中，首先，针对决策主体的角色识别问题展开研究，研究决策主体的群体构成；其次，提出利益诉求是设计决策的行为动机；最后，对利益诉求展开定性和定量研究，总结其存在形式和基本属性，并试图确定一种测量利益诉求的有效途径。主要研究成果和创新总结如下。

决策主体是设计决策的主导，决策主体经过一定的行为过程，可以使整体决策变得有序。利益相关者以一定的资源投入设计，包括货币、知识、经验、时间和技能，可归类为基于投入的设计决策利益相关者。研究抽取归纳了 11 类产品设计决策的利益相关者。利益相关者以一定的方式参与决策，包括参与、合作、咨询等，可归类为基于参与度的设计决策主体。研究识别了六类利益相关者角色作为决策主体，为本书研究提供了一个适当的范围。设计决策参与度实验数据分析表明，设计决策是多个利益相关者参与的决策，决策参与度不仅存在高低的差异，还存在显性（直接）和隐性（间接）

的差异。显性（直接）或隐性（间接）的决策参与度并不是基于角色标签固定不变的，而是会根据决策的条件和需要发生变化的。

本书研究提出，在设计决策中利益通过诉求表达，利益诉求更加侧重于利益的表达和测量。基于不同的研究目的，利益诉求的定义和认知存在较大的差异。采用文献研究方法，从主体性、客体性和关系性三个方面对利益诉求的内涵进行归纳，为本书关于利益诉求的定性和定量研究进行了基础性的铺垫。

通过决策主体利益诉求访谈实验，对利益诉求进行定性分析，结果表明：决策主体的利益诉求是存在的，对利益诉求的研究是可信的；利益诉求的类型可归纳为实用性利益诉求、经济性利益诉求和精神性利益诉求；利益诉求的语境可以归纳为使用语境、商业语境和工作语境。利益诉求是决策主体在特定语境下面向决策对象的需求投射，是一种情景化的意识形态。

通过决策主体利益诉求实证研究，对利益诉求进行量化研究。以决策对象价值属性为自变量，以决策主体利益诉求为因变量，建立了18个回归模型，对六类决策主体的利益诉求进行测度。研究假设的验证结果表明了六类决策主体利益诉求的特点。首先，决策主体的利益诉求存在较大差异；其次，在某些价值属性上，决策主体存在利益冲突。对六类决策主体的利益诉求的差异进行量化分析，结果表明：一是用户和设计师存在利益诉求的紧密关系或者相似性，可聚集为一类；二是经销商和管理者也存在利益诉求的紧密关系或者相似性，也可聚集为一类；三是工程师和供应商存在相对独立的利益诉求。六类决策主体可以再聚类为四种价值观，即理想主义价值观、现实主义价值观、技术主义价值观和实用主义价值观，分别对应不同实现途径的利益诉求。利益诉求是决策主体的行为动机，设计决策需要围绕设计目标，决定如何在不同的利益诉求之间，高效推动设计的演化迭代，确保设计方向和结果的创新性与可行性。

总之，在理论引用上，本章借鉴经济学、社会学、管理学中的概念，从利益相关者的概念出发，定义产品设计决策的主体，并将利益诉求的概念引入设计决策研究中，提出利益诉求是设计决策的行为动机，为设计决策理论的研究提供了新视野。在研究方法上，本研究找到了一种测量利益诉求的有效途径，即通过定性与定量相结合的研究方法对利益诉求进行测度，开辟了设计决策研究的新方法。

第三，在产品设计决策力与设计价值生成的研究中，首先研究了决策力的语义表征，其次研究了决策力的关系，最后研究了决策主体的价值偏好对价值表达和价值生成的影响。主要研究成果和创新总结如下。

以摩托车造型设计项目为例进行研究，研究结果表明，决策语义是决策力的外在表征，设计方案选择和迭代依赖于决策主体的决策语义。根据决策主体的态度，决策语义表明了决策主体的个体期望，形成了后续设计方案的迭代目标。其中，肯定型决策语义导致了沿用式设计迭代，否定型决策语义导致了突变式设计迭代，启发型决策语义导致了进化式设计迭代。进一步印证了产品设计决策是一种决策系统，是决策主体的决策语义和决策对象的方案迭代之间的相互作用。

对决策力的活动、任务和角色关系进行了讨论，并提出基于任务的决策力关系框架，采用案例分析法探讨决策力关系，研究提出，设计方案的选择和迭代是在决策主体的决策力的共同作用下产生的。不同的决策力和决策力关系会引起设计迭代的方式和方向的变化，导致最后的设计方案具有不同的设计面貌。

研究提出，决策主体的价值偏好是影响决策力的关键因素。决策主体价值偏好实验结果表明，决策主体的决策力与其利益诉求具有一致性关系，决策力集中在能够实现其自身利益诉求的价值属性上，并会忽视与自身利益诉求无关的价值属性。价值表达驱动的设计是通过提高某一价值属性的独立水平去表达该维度的设计价值。决策主体的价值偏好导致了新方案在满足其自身利益诉求的价值属性上具有高水平，从而创造了新的设计价值。

总之，本章将决策主体对设计决策的影响力定义为决策力，提出决策力是产品设计决策行为方式的具体表现，推动了造型迭代并对设计价值进行了架构和重构。采用决策语义表现决策力和决策力关系，为设计决策的研究提供了新的研究思路和研究方法。

第四，通过文献研究和理论推演，以第二、三、四章的研究内容和研究结论为基础，以价值判断研究为前提，探讨了基于价值构架的产品设计决策方法论及其应用拓展。主要研究成果和创新总结如下。

本书研究提出，设计决策具有多维的价值向度，价值判断取决于决策主体对决策对象的认知。在关于设计决策主体认知路径的研究中，本书创新性地提出了基于情境的认知参照点模型。以此为基础提出，设计决策中的价值判断就是以决策主体的利益诉求为认知参照点，对决策对象社会维度、技术维度、商业维度的价值属性进行具有主动性、主观性、判断性和创造性的认知解读，从而对决策对象的设计价值进行全面判断。

基于价值构架的产品设计决策方法论框架研究表明，价值判断支持了价值匹配的过程，决策主体基于利益诉求对设计方案的设计价值进行判断，继而通过决策力推动设计方案的迭代，使新方案在能够满足其自身利益诉求的价值属性上具有高水平，从而生成新的设计价值。结合价值构架中价值创造方式的两重含义：利益诉求是设计决策的行为动机，是设计价值产生的动力；决策力是设计决策的行为方式，是实现设计价值的方式。其中，利益诉求是决策主体的利益诉求，而决策力是多主体（六类决策主体）决策力的集合。

设计决策作为一种设计价值构架，在兼顾六类决策主体利益诉求的基础上创造新的设计价值。

基于价值构架的产品设计决策应用拓展提出了在基于理性需求与理性判断的应用场景下，产品设计决策对设计价值进行架构和重构的具体方法。

总之，基于价值构架的产品设计决策方法论及其应用拓展的提出为设计决策的理论研究和实践研究提供了新视野，具有设计方法论层面的创新意义。

综上所述，本书从价值创造的视角出发，引入多学科的理论与研究方法，通过对理论的层层推演，结合实证研究，对产品设计决策问题展开深入探究，提出产品设计决策是一种价值构架，决策对象的内部属性是对设计价值的表达，决策主体的行为是对设计价值的架构和重构。决策主体由多种利益相关者角色构成，决策主体的利益诉求和决策力是对设计决策行为的抽象。基于多斯特模型中价值创造方式的两重含义：利益诉求是产生设计价值的动力，决策力是实现设计价值的方式。研究提供了设计决策研究和决策理论研究的新视角，开辟了设计决策研究的新方法，具有设计决策的理论创新性和实践创新性。

第二节　研究不足与展望

第一，设计决策问题与决策的具体情境紧密相关，本书基于工业产品的特殊性对决策主体进行了分析和识别。针对不同的设计决策问题，决策主体的群体构成与本书的定义具有较大差异，应在不同的情境下进行更具针对性的研究。

第二，决策主体的角色特点使得利益诉求具有较大的差异，甚至会出现冲突。设计决策意味着多方利益的博弈。本书提出了多主体决策中的利益兼顾，即优先满足更重要的决策主体的利益诉求。然而在设计决策实践中，利益博弈的环境并非理想化的，决策力之间合作、依靠、牵制关系的方向性受到决策主体情绪、身份等非理性因素的影响。本书的研究证明了利益诉求和决策力是对设计决策行为的抽象，其核心是对决策主体内在动机、行为作用、互动关系的提炼。在后续的研究中，将对决策活动中的外部干预因素、决策主体的业务能力和道德水平、决策关系中的信任机制等展开研究，研究在具体的决策环境、决策条件、决策关系下的决策主体的情感、认知、动机、行为，并进一步研究这些因素对利益诉求和决策力所产生的影响。

第三，本书提出了基于价值构架的产品设计决策方法论及其应用。然而在其他相关设计行业中，同样存在设计决策的问题，其利益诉求的形式和决策力的表征与产品设计有所差异，但其行为动机与行为逻辑是相似的。设计决策中的价值判断是以利益诉求为认知参照点的，而利益诉求来自不同的决策主体和设计领域。因此可在本书研究的基础上进行拓展，从而解决其他相关设计行业的设计决策问题。

第四，产品设计决策具有模糊性、感性与理性并存、多阶段性、非线性与动态性等特点，这决定了设计决策将面临网络化、多模态、未来的不确定性等带来的挑战，使得未来研究将从多数据融合、多阶段联合决策、共识驱动决策、智能决策等多方面展开，并借助智能信息交互、大数据挖掘等互联网背景下的新技术与新方法，推动产品设计决策的科学化、客观化与智能化发展。

参考文献

[1] Aaker J L. Dimensions of Brand Personality [J]. Journal of Marketing Research, 1997(3): 347-356.

[2] Adler P S. Interdepartmental Interdependence and Coordination: The Case of the Design/Manufacturing Interface [J]. Organization Science, 1995(2): 147-167.

[3] Akgün A E, Keskin H, Byrne J. Antecedents and Contingent Effects of Organizational Adaptive Capability on Firm Product Innovativeness [J]. Journal of Product Innovation Management, 2012(1): 171-189.

[4] Andersen M, Khler S, Lund T. Design for Assembly [M]. London: IFS Publications, 1986.

[5] Badhrinath K, Jagannatha R. Modeling for Concurrent Design Using Game Theory Formulations [J]. Concurrent Engineering, 1996(4): 389-399.

[6] Badke S P, Gehrlicher A. Patterns of Decisions in Design: Leaps, Loops, Cycles, Sequences and Meta-Process [C] // DS 31: Proceedings of ICED 03, the 14th International Conference on Engineering Design, 2003.

[7] Bain P G, Mann L, Pirola-Merlo A. The Innovation Imperative: The Relationships between Team Climate, Innovation, and

Performance in Research and Development Teams [J]. Small Group Research, 2001(1): 55-73.

[8] Baldassarre B, Calabretta G, Bocken N, et al. Bridging Sustainable Business Model Innovation and User-Driven Innovation: A Process for Sustainable Value Proposition Design [J]. Journal of Cleaner Production, 2017(20): 175-186.

[9] Balling R J, Sobieszczanski-Sobieski J. Optimization of Coupled Systems — a Critical Overview of Approaches [J]. AIAA Journal, 1996(1): 6-17.

[10] Bandura A. Self-Efficacy: Toward a Unifying Theory of Behavioral Change [J]. Advances in Behaviour Research and Therapy, 1978(4): 139-161.

[11] Barsalou L W. Cognitive Psychology: An Overview for Cognitive Scientists [M]. New York: Psychology Press, 2014.

[12] Barton J A. Design Decision Chains as a Basis for Design Analysis [J]. Journal of Engineering Design, 2010(3): 283-297.

[13] Baxter M. Product Design [M]. Boca Raton: CRC Press, 2018.

[14] Benjamin R I, Levinson E. A Framework for Managing IT-Enabled Change [J]. Sloan Management Review, 1993(4): 23-33.

[15] Berends H, Reymen I. External Designers in Product Design Processes of Small Manufacturing Firms [J]. Design Studies, 2011(1): 17-38.

[16] Bonabeau E, Dorigo M, Theraulaz G. Inspiration for

Optimization from Social Insect Behavior [J]. Nature, 2000(6791): 39-42.

[17] Bowers J, Pycock J. Talking through Design: Requirements and Resistance in Cooperative Prototyping [C] // Proceedings of the SIGCHI Conference on Human Factors in Computing Systems, 1994.

[18] Bratteteig T, Wagner I. Disentangling Power and Decision-Making in Participatory Design [C] // Proceedings of the 12th Participatory Design Conference, 2012.

[19] Brown D B, Giorgi E D, Sim M. Aspirational Preferences and Their Representation by Risk Measures [J]. Management Science, 2012(11): 2095-2113.

[20] Bucciarelli L, Schön D. Generic Design Process in Architecture and Engineering: A Dialogue Concerning at Least Two Design Worlds [C] // Proceedings of the NSF Workshop in Design Theory and Methodology, 1987.

[21] Cagan J, Vogel C M. Creating Breakthrough Products: Innovation from Product Planning to Program Approval [M]. New York: FT Press, 2001.

[22] Cai H, Do E Y L, Zimring C M. Extended Linkography and Distance Graph in Design Evaluation: An Empirical Study of the Dual Effects of Inspiration Sources in Creative Design [J]. Design Studies, 2010(2): 146-168.

[23] Carlgren L, Rauth I, Elmquist M. Framing Design Thinking: The Concept in Idea and Enactment [J]. Creativity and Innovation Management, 2016(1): 38-57.

[24] Carver C S, Scheier M F. On the Structure of Behavioral Self-

Regulation [M]. Handbook of Self-Regulation. Cambridge: Academic Press, 2000.

[25] Cash P. Where Next for Design Research? Understanding Research Impact and Theory Building [J]. Design Studies, 2020(1): 113-141.

[26] Casillas J, Martinez P. Consistent, Complete, and Compact Generation of DNF-Type Fuzzy Rules by a Pittsburgh-Style Genetic Algorithm [C] // 2007 IEEE International Fuzzy Systems Conference, IEEE, 2007.

[27] Catalanoc E, Giannini F, Monti M. Towards an Automatic Semantic Annotation of Car Aesthetics [J]. Car Aesthetics Annotation, 2005(1): 8-15.

[28] Cho S. Aesthetic and Value Judgment of Neotenous Objects: Cuteness as a Design Factor and Its Effects on Product Evaluation [M]. Ann Arbor: University of Michigan, 2012.

[29] Christensen B T, Ball L J. Dimensions of Creative Evaluation: Distinct Design and Reasoning Strategies for Aesthetic, Functional and Originality Judgments [J]. Design Studies, 2016(1): 116-136.

[30] Cooper R G. Third Generation New Product Processes [J]. Journal of Product Innovation Management, 1994(1): 3-14.

[31] Cross N, Cross A C. Observations of Teamwork and Social Processes in Design [J]. Design Studies, 1995(2): 143-170.

[32] Cross N. Engineering Design Methods — Strategies for Product Design [M]. Chichester: John Wiley & Sons, 1994.

[33] Dahlin K B, Weingart L R, Hinds P J. Team Diversity and Information Use [J]. The Academy of Management Journal, 2005(6): 1107-1123.

[34] Donaldson T, Preston L E. The Stakeholder Theory of the Corporation: Concepts, Evidence, and Implications [J]. Academy of Management Review, 1995(1): 65-91.

[35] Dong A, Lovallo D, Mounarath R. The Effect of Abductive Reasoning on Concept Selection Decisions [J]. Design Studies, 2015(37): 37-58.

[36] Dorst K, Cross N. Creativity in the Design Process: Co-Evolution of Problem-Solution [J]. Design Studies, 2001(5): 425-437.

[37] Dorst K. The Core of Design Thinking and Its Application [J]. Design Studies, 2011(6): 521-532.

[38] Duan Z, Zhou J, Gu F. Cognitive Differences in Product Shape Evaluation between Real Settings and Virtual Reality: Case Study of Two-Wheel Electric Vehicles [J]. Virtual Reality, 2024(3): 136.

[39] Durmusoglu S S. Open Innovation: The New Imperative for Creating and Profiting from Technology [J]. European Journal of Innovation Management, 2004(1): 123-145.

[40] Earl M. Management Strategies for Information Technology [M]. Englewood Cliffs: Prentice-Hall, 1989.

[41] Eisinga R, Grotenhuis M T, Pelzer B. The Reliability of a Two-Item Scale: Pearson, Cronbach, or Spearman Brown? [J]. International Journal of Public Health, 2013(4): 637-642.

[42] Elias A A, Cavana R Y, Jackson L S. Stakeholder Analysis for R&D Project Management [J]. R&D Management,

2002(4): 301-310.

[43] Elioseff L A, Rescher N, Baier K. Introduction to Value Theory [J]. Journal of Aesthetics and Art Criticism, 1969(1): 133-134.

[44] Fishwick M. Emotional Design: Why We Love (or Hate) Everyday Things [J]. The Journal of American Culture, 2004(2): 234.

[45] Flatscher M, Riel A. Stakeholder Integration for the Successful Product-Process Co-Design for Next-Generation Manufacturing Technologies[J]. CIRP Annals, 2016(1): 181-184.

[46] Freeman R E, Reed D L. Stockholders and Stakeholders: A New Perspective on Corporate Governance [J]. California Management Review, 1983(3): 88-106.

[47] Freeman R E. Strategic Management: A Stakeholder Approach[M]. Boston: Pitman Publishing,1984.

[48] Gardien P, Djajadiningrat J P, Hummels C C M, et al. Changing Your Hammer: The Implications of Paradigmatic Innovation for Design Practice [J]. International Journal of Design, 2014(2): 119-139.

[49] Ginsborg H. Critique of the Power of Judgment [M]. Durham: Duke University Press, 2002.

[50] Glaser B G, Strauss A L. The Discovery of Grounded Theory: Strategies for Qualitative Research [J]. Social Forces, 1967(4): 28-36.

[51] Goffman E. Frame Analysis: An Essay on the Organization of Experience [M]. Cambridge: Harvard University Press, 1974.

[52] Goldschmidt G, Sever A L. Inspiring Design Ideas with Texts[J]. Design Studies, 2011(2): 139-155.

[53] Gordon R. Designer's Trade[M]. London: George Allen & Unwin, 1968.

[54] Gulick L, Lyndall U. Papers on the Science of Administration[M]. London: Routledge, 2004.

[55] Haley R I. Benefit Segmentation: A Decision-Oriented Research Tool[J]. Journal of Marketing, 1968(3): 30-35.

[56] Harding J A, Popplewell R. An Intelligent Information Framework Relating Customer Requirements and Product Characteristics[J]. Computers in Industry, 2001(44): 51-65.

[57] Hart O, Moore J. Property Rights and the Nature of the Firm[J]. Journal of Political Economy, 1990(6): 1119-1158.

[58] Heldt R, Silveira C S, Luce F B. Predicting Customer Value Per Product: From RFM to RFM/P[J]. Journal of Business Research, 2021(1): 444-453.

[59] Hemphill T A. The Unbounded Mind: Breaking the Chains of Traditional Business Thinking[J]. Business Horizons, 1993(5): 88-90.

[60] Herrmann J W, Schmidt L C. Viewing Product Development as Adecision Production System[C]// ASME 2002 International Design Engineering Technical Conferences and Computers and Information in Engineering Conference, 2002.

[61] Hester P. Analyzing Stakeholders Using Fuzzy Cognitive

Mapping [J]. Procedia Computer Science, 2015(1): 92-97.
[62] Hester P T, MacG K. Systemic Decision Making [M]. Cham: Springer International Publishing AG, 2017.
[63] Hofstee W K B. The Use of Everyday Personality Language for Scientific Purposes [J]. European Journal of Personality, 2010(2): 77-88.
[64] Homburg C, Schwemmle M, Kuehnl C. New Product Design: Concept, Measurement, and Consequences [J]. Journal of Marketing: A Quarterly Publication of the American Marketing Association, 2015(3): 41-56.
[65] Jacoby J, Olson J C. Perceived Quality: How Consumers View Stores and Merchandise [M]. Lexington: Lexington Books, 1985.
[66] Jung C G. The Archetypes and the Collective Unconscious [M]. London: Routledge, 1991.
[67] Kaljun J, Dolšak B. Artificial Intelligence in Aesthetic and Ergonomic Product Design Process [C] // 2011 Proceedings of the 34th International Convention MIPRO, IEEE, 2011.
[68] Karakowsky L. Do My Contributions Matter? The Influence of Imputed Expertise on Member Involvement and Self-Evaluations in the Work Group [J]. Group & Organization Management, 2001(1): 70-92.
[69] Kassarjian H H. Personality and Consumer Behavior: A Review [J]. Journal of Marketing Research, 1971(4): 409-418.
[70] Kaul A, Rao V R. Research for Product Positioning and

Design Decisions: An Integrative Review [J]. International Journal of Research in Marketing, 1995(4): 293-320.

[71] Kearney E, Gebert D, Voelpel S C. When and How Diversity Benefits Teams: The Importance of Team Members' Need for Cognition [J]. Academy of Management Journal, 2009(3): 581-598.

[72] Kelley T, Littman J. The Ten Faces of Innovation: IDEO's Strategies for Beating the Devil's Advocate and Driving Creativity Throughout Your Organization [M]. New York: Currency Press, 2005.

[73] Khurana A, Rosenthal S R. Towards Holistic "Front Ends" in New Product Development [J]. Journal of Product Innovation Management, 1998(15): 134-167.

[74] Kim Y, Lui S S. The Impacts of External Network and Business Group on Innovation: Do the Types of Innovation Matter? [J]. Journal of Business Research, 2015(9): 1964-1973.

[75] Kleinsmann M, Valkenburg R. Barriers to Shared Understanding in Collaborative Design Projects [C] // DS 31: Proceedings of ICED 03, the 14th International Conference on Engineering Design, 2003.

[76] Kroo I, Altus S, Braun R, et al. Multidisciplinary Optimization Methods for Aircraft Preliminary Design [C] // 5th Symposium on Multidisciplinary Analysis and Optimization, 1994.

[77] Kuehn A A, Day R L. Strategy of Product Quality [J]. Harvard Business Review, 1962(1): 87.

[78] Kusiak A, Wang J, He D W. Negotiation in Constraint-Based Design [J]. Journal of Mechanical Design, 1996(4):

470-477.

[79] Kyffin S, Gardien P. Navigating the Innovation Matrix: An Approach to Design-Led Innovation [J]. International Journal of Design, 2009(1): 57-69.

[80] Langacker R W. Reference-Point Constructions [J]. Cognitive Linguistics, 1993(1): 1-38.

[81] Lee K C K, Cassidy T. Principles of Design Leadership for Industrial Design Teams in Taiwan [J]. Design Studies, 2007(4): 437-462.

[82] Lee S H, Harada A. A Kansei Evaluation of Image Impression by the Objectivity of Kansei Information [J]. Japanese Society for the Science of Design, 1998(1): 254-255.

[83] Lera S G. Empirical and Theoretical Studies of Design Judgement: A Review [J]. Design Studies, 1981(1): 19-26.

[84] Lewalski Z M. Product Esthetics: An Interpretation for Designers [M]. Singapore: Design & Development Engineering Press, 1988.

[85] Lewis K, Mistree F. Modeling the Interactions in Multidisciplinary Design: A Game-Theoretic Approach [J]. Journal of Aircraft, 1997(8): 1387-1392.

[86] Lukes S. Power: A Radical View (Second Edition) [M]. New York: Berghahn Books, 2005.

[87] Maher M L, Poon J. Modelling Design Exploration as Co-Evolution [J]. Microcomputers in Civil Engineering, 1996(3): 193-207.

[88] Malhotra N K. A Scale to Measure Self-Concepts, Person Concepts, and Product Concepts [J]. Journal of Marketing

Research, 1981(4): 456-464.

[89] Malhotra N K. Self Concept and Product Choice: An Integrated Perspective [J]. Journal of Economic Psychology, 1988(1): 1-28.

[90] March L. The Logic of Design and the Question of Value [M]. Cambridge: Cambridge University Press, 1976.

[91] Mezher T, Abdul-Malak M A, Maarouf B. Embedding Critics in Decision-Making Environments to Reduce Human Errors [J]. Knowledge Based Systems, 1998(34): 229-237.

[92] Michalek J J, Feinberg F M, Papalambros P Y. An Optimal Marketing and Engineering Design Model for Product Development Using Analytical Target Cascading [C] // Proceedings of the Tools and Methods of Competitive Engineering Conference, 2004.

[93] Miller C C, Cardinal L B, Glick W H. Retrospective Reports in Organizational Research: A Reexamination of Recent Evidence [J]. Academy of Management Journal, 1997(1): 189-204.

[94] Mitchell R K, Agle B R, Wood D J. Toward a Theory of Stakeholder Identification and Salience: Defining the Principle of Who and What Really Counts [J]. Academy of Management Review, 1997(4): 853-886.

[95] Mugge R, Govers P C M, Schoormans J P L.The Development and Testing of a Product Personality Scale [J]. Design Studies, 2009(3): 287-302.

[96] Neumann J V, Morgenstern O. Theory of Games and Economic Behavior [M]. Princeton: Princeton University

Press, 2007.

[97] Nikander J B, Liikkanen L A, Laakso M. The Preference Effect in Design Concept Evaluation [J]. Design Studies, 2014(5): 473-499.

[98] Norman D, Warren T. Toward an Adequate Taxonomy of Personality Attributes: Replicated Factors Structure in Peer Nomination Personality Ratings [J]. Journal of Abnormal & Social Psychology, 1963(6): 574-575.

[99] Ouden E D. Innovation Design: Creating Value for People, Organizations and Society [M]. London: Springer, 2013.

[100] Oxman N. Age of Entanglement [J]. Journal of Design and Science, 2016(13): 1-11.

[101] Pedersen S. Staging Negotiation Spaces: A Co-Design Framework [J]. Design Studies, 2020(68): 58-81.

[102] Perttula M, Sipilä P. The Idea Exposure Paradigm in Design Idea Generation [J]. Journal of Engineering Design, 2007(1): 93-102.

[103] Pfeffer J, Salancik G. The External Control of Organizations: A Resource Dependence Perspective [M]. New York: Harper & Row, 1978.

[104] Pouloudi A. Stakeholder Analysis as a Front-End to Knowledge Elicitation [J]. AI & Society, 1997(12): 122-137.

[105] Randsley de M G, Leader T, Pelletier J, et al. Prospects for Group Processes and Intergroup Relations Research: A Review of 70 Years' Progress [J]. Group Processes & Intergroup Relations, 2008(4): 575-596.

[106] Reid T N, Macdonald E F, Du P. Impact of Product Design Representation on Customer Judgment [J]. Journal of Mechanical Design, 2013(9): 774-786.

[107] Rodgers P A, Mazzarella F, Conerney L. Interrogating the Value of Design Research for Change [J]. The Design Journal, 2020(4): 491-514.

[108] Rokeach M. The Nature of Human Values [J]. American Journal of Sociology, 1973(2): 17-31.

[109] Roozenburg N F M, Cross N G. Models of the Design Process: Integrating Across the Disciplines [J]. Design Studies, 1991(4): 215-220.

[110] Rosch E. Cognitive Reference Points [J]. Cognitive Psychology, 1975(4): 532-547.

[111] Rowe P G. Design Thinking [M]. Cambridge: MIT Press, 1991.

[112] Ryd N. The Design Brief as Carrier of Client Information during the Construction Process [J]. Design Studies, 2004(3): 231-249.

[113] Sánchez-Fernández R, Iniesta-Bonillo M Á. The Concept of Perceived Value: A Systematic Review of the Research [J]. Marketing Theory, 2007(4): 427-451.

[114] Schön D A, Desanctis V. The Reflective Practitioner: How Professionals Think in Action [C] // Proceedings of the IEEE, 2005.

[115] Schwartz S H. Universals in the Content and Structure of Values: Theoretical Advances and Empirical Tests in 20 Countries [J]. Advances in Experimental Social

Psychology, 1992(25): 1-65.

[116] Shannon C. A Mathematical Theory of Communication [J]. Bell System Technical Journal, 1948(3): 379-423.

[117] Shocker A D, Srinivasan V. Multiattribute Approaches for Product Concept Evaluation and Generation: A Critical Review [J]. Journal of Marketing Research, 1979(2): 159-180.

[118] Simon A H. Decision Making and Problem Solving [R]. Report of the Research Briefing Panel on Decision Making and Problem Solving. Washington: National Academy Press, 1986.

[119] Simon A H. Rational Choice and the Structure of the Environment [J]. Psychological Review, 1956(2): 129.

[120] Sobieski I P, Kroo I M. Collaborative Optimization Using Response Surface Estimation [J]. AIAA Journal, 2000(10): 1931-1938.

[121] Sobieszczanski-Sobieski J, Haftka R T. Multidisciplinary Aerospace Design Optimization: Survey of Recent Developments [J]. Structural Optimization, 1997(1): 1-23.

[122] Sonnenwald D H. Communication Roles that Support Collaboration during the Design Process [J]. Design Studies, 1996(3): 277-301.

[123] Stempfle J, Badke-Schaub P. Thinking in Design Teams — an Analysis of Team Communication [J]. Design Studies, 2002(5): 473-496.

[124] Stylidis K, Hoffenson S, Wickman C, et al. Corporate and Customer Understanding of Core Values Regarding

Perceived Quality: Case Studies on Volvo Car Group and Volvo Group Truck Technology [J]. Procedia CIRP, 2014(1): 171-176.

[125] Suwa M, Purcell T, Gero J. Macroscopic Analysis of Design Processes Based on a Scheme for Coding Designers' Cognitive Actions [J]. Design Studies, 1998(4): 455-483.

[126] Taeuscher K. Leveraging Collective Intelligence: How to Design and Manage Crowd-Based Business Models [J]. Business Horizons, 2017(2): 237-245.

[127] Teeravarunyou S, Sato K. Object-Mediated User Knowledge Elicitation Method a Methodology in Understanding User Knowledge [C] // Proceedings of the Korea Society of Design Studies Conference, 2001.

[128] Thurston D L. A Formal Method for Subjective Design Evaluation with Multiple Attributes [J]. Research in Engineering Design, 1991(2): 105-122.

[129] Tiffen J, Corbridge S J, Slimmer L. Enhancing Clinical Decision Making: Development of a Contiguous Definition and Conceptual Framework [J]. Journal of Professional Nursing, 2014(5): 399-405.

[130] Tovey M. Intuitive and Objective Processes in Automotive Design [J]. Design Studies, 1992(1): 23-41.

[131] Ulaga W. Customer Value in Business Markets an Agenda for Inquiry [J]. Industrial Marketing Management, 2001(30): 315-319.

[132] Ury W L, Brett J M, Goldberg S B. Getting Disputes

Resolved: Designing Systems to Cut the Costs of Conflict [M]. San Francisco: Jossey-Bass, 1988.

[133] Vallerand R J, Deci E L, Ryan R M. 12 Intrinsic Motivation in Sport [J]. Exercise and Sport Sciences Reviews, 1987(1): 389-426.

[134] Van W M, Van der V G C, Eliëns A. An Ontology for Task World Models [C] //Design, Specification and Verification of Interactive Systems' 98: Proceedings of the Eurographics Workshop in Abingdon, 1998.

[135] Vink P, Imada A S, Zink K J. Defining Stakeholder Involvement in Participatory Design Processes [J]. Applied Ergonomics, 2008(4): 519-526.

[136] Von Hipple E. The Sources of Innovation [M]. Oxford: Oxford University Press, 1994.

[137] Walter A, Ritter T, Gemunden H G. Value Creation in Buyer Seller Relationship: Theoretical Considerations and Empirical Results from a Supplier's Perspective [J]. Industrial Marketing Management, 2001(30): 365-377.

[138] Wang C, Yi J, Kafouros M, et al. Under What Institutional Conditions Do Business Groups Enhance Innovation Performance? [J]. Journal of Business Research, 2015(3): 694-702.

[139] Westcott M, Sato S, Mrazek D, et al. The DMI Design Value Scorecard: A New Design Measurement and Management Model [J]. Design Management Review, 2013(4): 10-16.

[140] Williams P, Soutar G N. Dimensions of Customer Value

and the Tourism Experience: An Exploratory Study [C]// Australian and New Zealand Marketing Academy Conference, 2000.

[141] Wong J F. The Text of Free-Form Architecture: Qualitative Study of the Discourse of Four Architects [J]. Design Studies, 2010(3): 237-267.

[142] Woodruff R B. Customer Value: The Next Source for Competitive Advantage [J]. Journal of the Academy of Marketing Science, 1997(2): 139.

[143] Xenakis I, Arnellos A. The Relation between Interaction Aesthetics and Affordances [J]. Design Studies, 2013(1): 57-73.

[144] Zeithaml V A. Consumer Perceptions of Price, Quality, and Value: A Means-End Model and Synthesis of Evidence [J]. Journal of Marketing, 1988(3): 2-22.

[145] Zimmerman J, Forlizzi J, Evenson S. Research through Design as a Method for Interaction Design Research in HCI [M]. New York: ACM Press, 2007.

[146] Zimmermann A, Raisch S, Birkinshaw J. How Is Ambidexterity Initiated? The Emergent Charter Definition Process [J]. Organization Science, 2015(4): 1119-1139.

[147] 奥格雷迪，奥格雷迪. 设计，该怎么卖？ [M]. 武汉：华中科技大学出版社，2015.

[148] 巴纳德. 经理人员的职能 [M]. 孙耀君，译. 北京：中国社会科学出版社，1997.

[149] 白帆，邓杨慧. 关于当前知觉理论研究的思考 [J]. 社科纵横（新理论版），2010(3)：317－318.

[150] 柏拉图. 理想国 [M]. 郭斌和，张竹明，译. 北京：商务印书馆，1986.

[151] 蔡军，李洪海，饶永刚. 设计范式转变下的设计研究驱动价值创新 [J]. 装饰，2020(5): 10-15.

[152] 巢峰. 简明马克思主义词典 [M]. 上海：上海辞书出版社，1990.

[153] 陈剑平，盛亚. 基于利益相关者视角的创新政策研究: 规范、描述与工具 [J]. 科技进步与对策，2014(18): 125-130.

[154] 陈凌雁. 基于格式塔理论的汽车前脸造型研究 [J]. 艺术与设计（理论），2007(4): 127-128.

[155] 陈宪涛. 汽车造型设计的领域任务研究与应用 [D]. 长沙：湖南大学，2009.

[156] 戴端，吴卫. 产品形态设计语义与传达 [M]. 北京：高等教育出版社，2010.

[157] 丁煌. 林德布洛姆的渐进决策理论 [J]. 国际技术经济研究，1999(3): 20-27.

[158] 董立刚. 利益概念研究述评 [J]. 福建商业高等专科学校学报，2009(5): 92-95.

[159] 董雅丽，张强. 消费观念与消费行为实证研究 [J]. 商业研究，2011(8): 7-10.

[160] 段正洁，谭浩，曾庆抒，等. 微型汽车审美属性及其造型风格语义 [J]. 包装工程，2017(18): 87-92.

[161] 段正洁，谭浩，赵丹华，等. 基于风格语义的产品造型设计评价策略 [J]. 包装工程，2018(12): 107-112.

[162] 段正洁，谭浩，赵江洪. 方案驱动的产品造型设计迭代模式 [J]. 包装工程，2017(24): 119-123.

[163] 高连克. 论科尔曼的理性选择理论 [J]. 集美大学学报（哲

学社会科学版)，2005(3)：18-23.
[164] 高鹏程. 西方知识史上利益概念的源流[J]. 天津社会科学，2005(4)：21-26，104.
[165] 高兆法，欧宗瑛. 产品信息模型中形状特征的表达研究[J]. 组合机床与自动化加工技术，1999(8)：6-9.
[166] 葛彬超. 论杜威价值哲学的人学向度[J]. 江汉论坛，2008(8)：53-55.
[167] 何人可. 走向综合化的工业设计教育[J]. 装饰，2002(4)：14-15.
[168] 何晓佑. 中国设计要从跟随式发展转型为先进性发展[J]. 设计，2019(24)：40-43.
[169] 赫斯科特. 设计与价值创造[M]. 尹航，张黎，译.南京：江苏凤凰美术出版社，2018.
[170] 亨利. 产品设计手绘：感知·构思·呈现[M]. 张婷，孙劼，译. 北京：人民邮电出版社，2013.
[171] 洪远朋. 经济利益关系通论[M]. 上海：复旦大学出版社，1999.
[172] 胡程超. 基于数字主导的汽车造型设计技术研究及流程构建[D]. 长沙：湖南大学，2010.
[173] 霍尔巴赫. 自然的体系[M]. 管士滨，译. 北京：商务印书馆，1999.
[174] 基利，派克尔，奎因，等. 创新十型[M]. 余锋，宋志慧，译. 北京：机械工业出版社，2014.
[175] 基尼. 创新性思维：实现核心价值的决策模式[M]. 叶胜年，叶隽，译. 北京：新华出版社，2003.
[176] 吉登斯. 现代性与自我认同：现代晚期的自我与社会[M]. 赵旭东，方文，译. 北京：生活·读书·新知三联书店，

1998.

[177] 贾利民，刘刚，秦勇. 基于智能 Agent 的动态协作任务求解 [M]. 北京：科学出版社，2007.

[178] 贾林祥. 认知心理学的联结主义理论研究 [D]. 南京：南京师范大学，2002.

[179] 景春晖. 兼变传衍、持经达变——基于进化思想的汽车造型设计方法 [D]. 长沙：湖南大学，2015.

[180] 科尔曼. 社会理论的基础 [M]. 邓方，译. 北京：社会科学文献出版社，1999.

[181] 科特勒，阿姆斯特朗. 营销学原理 [M]. 何佳讯，译. 上海：上海译文出版社，1996.

[182] 孔爱国，邵平. 利益的内涵、关系与度量 [J]. 复旦学报(社会科学版)，2007(4)：3-9.

[183] 库恩. 科学革命的结构 [M]. 金吾伦，胡新和，译. 北京：北京大学出版社，2003.

[184] 莱斯科. 工业设计：材料与加工手册 [M]. 李乐山，译. 北京：中国水利水电出版社，2004.

[185] 郎淳刚，席酉民，毕鹏程. 群体决策过程中的冲突研究 [J]. 预测，2005(5)：1-8.

[186] 李春晓. 基于价值创造的服装品牌设计人才评价研究 [D]. 杭州：中国美术学院，2019.

[187] 李浩，许紫开，周璐. 认知神经科学对群体创新机制的理论拓展 [J]. 科学学研究，2019(4)：590-596.

[188] 李红梅. 农民教育模式创新：主体认同与知识分享 [J]. 继续教育研究，2017(12)：45-47.

[189] 李淮春. 马克思主义哲学全书 [M]. 北京：中国人民大学出版社，1996.

[190] 李立新. 设计价值论 [M]. 北京：中国建筑工业出版社，2011.

[191] 李秀华. 从完全理性到有限理性：西蒙决策理论的实践价值 [J]. 现代经济信息，2009(13)：173-175.

[192] 梁峭，赵江洪. 汽车造型特征与特征面 [J]. 装饰，2013(11)：87-88.

[193] 林崇德，杨治良，黄希庭. 心理学大辞典 [M]. 上海：上海教育出版社，2003.

[194] 林德布洛姆. 决策过程 [M]. 竺乾威，胡君芳，译. 上海：上海译文出版社，1988.

[195] 凌厚锋，蔡彦士. 论利益格局的变化与调适 [M]. 福州：福建教育出版社，1996.

[196] 刘红岩. 公民参与的有效决策模型再探讨 [J]. 中国行政管理，2014(1)：102-105.

[197] 刘景方，李嘉，张朋柱，等. 外部信息刺激对群体创新绩效的影响 [J]. 系统管理学报，2017(2)：201-209.

[198] 刘丽丽，闫永新. 西蒙决策理论研究综述 [J]. 商业时代，2013(17)：116-117.

[199] 刘晓东，宋笔锋. 复杂工程系统概念设计决策理论与方法综述 [J]. 系统工程理论与实践，2004(12)：72-77.

[200] 刘英群，王克宏. 基于任务模型的移动服务可视化设计 [J]. 计算机应用，2004(4)：91-93.

[201] 柳冠中. 从“造物”到“谋事”——工业设计思维方式的转变 [J]. 苏州工艺美术职业技术学院学报，2015(3)：1-6.

[202] 李砚祖，王明旨，柳沙. 设计艺术心理学 [M]. 北京：清华大学出版社，2006.

[203] 娄永琪. 转型时代的主动设计 [J]. 装饰，2015(7)：17-19.

[204] 鲁晓波. 鲁晓波：应变与求变 时代变革与设计学科发展思考 [J]. 设计，2021(12)：56-59.

[205] 路甬祥. 论创新设计 [M]. 北京：中国科学技术出版社，2018.

[206] 罗仕鉴. 群智创新：人工智能 2.0 时代的新兴创新范式 [J]. 包装工程，2020(6)：50-56，66.

[207] 马基雅维里. 君主论 [M]. 潘汉典，译. 北京：商务印书馆，1985.

[208] 马克思，恩格斯. 马克思恩格斯选集 [M]. 中共中央马克思恩格斯列宁斯大林著作编译局，译. 北京：人民出版社，1995.

[209] 曼奇尼. 设计，在人人设计的时代：社会创新设计导论 [M]. 钟芳，马谨，译. 北京：电子工业出版社，2016.

[210] 孟德斯鸠. 论法的精神 [M]. 张雁深，译. 北京：商务印书馆，1961.

[211] 聂文军. "亚当·斯密问题"的逻辑张力 [J]. 伦理学研究，2003(1)：102-107.

[212] 诺曼. 情感化设计 [M]. 付秋芳，程进三，译. 北京：电子工业出版社，2005.

[213] 欧静，赵江洪. 基于层次语义特征的复杂产品工业设计研究 [J]. 包装工程，2016(10)：65-69.

[214] 潘云鹤，孙守迁，包恩伟. 计算机辅助工业设计技术发展状况与趋势 [J]. 计算机辅助设计与图形学学报，1999(3)：57-61.

[215] 亓莱滨. 李克特量表的统计学分析与模糊综合评判 [J]. 山东科学，2006(2)：18-23，28.

[216] 秦越存. 价值评价是一种特殊的认识活动 [J]. 唯实，2002

(6): 3-6.

[217] 荣格. 荣格文集：让我们重返精神的家园 [M]. 冯川，译. 北京：改革出版社，1997.

[218] 沈宗灵. 法理学研究 [M]. 上海：上海人民出版社，1990.

[219] 盛亚，陶锐. 基于利益相关者的企业技术创新产权主体探讨 [J]. 科学学研究，2006(5): 804-807.

[220] 盛亚，尹宝兴. 复杂产品系统创新的利益相关者作用机理：ERP 为例 [J]. 科学学研究，2009(1): 154-160.

[221] 盛亚. 企业技术创新管理：利益相关者方法 [M]. 北京：光明日报出版社，2009.

[222] 司马贺. 人工科学：复杂性面面观 [M]. 武夷山，译. 上海：上海科技教育出版社，2004.

[223] 宋月丽. 关于西蒙决策理论的评述 [J]. 心理科学，1987(2): 58-63.

[224] 孙佳琛，王金龙，陈瑾，等. 群体智能协同通信：愿景、模型和关键技术 [J]. 中国科学：信息科学，2020(3): 307-317.

[225] 谭浩，赵江洪，王巍. 产品造型设计思维模型与应用 [J]. 机械工程学报，2006(5): 98-102.

[226] 谭正棠. 复杂产品设计中的个体感知差异与团队共识 [D]. 长沙：湖南大学，2018.

[227] 陶志富. 语言型广义多属性群决策模型及其应用[D]. 合肥：安徽大学，2015.

[228] 涂慧君，苏宗毅. 大型复杂项目建筑策划群决策的决策主体研究 [J]. 建筑学报，2016(12): 72-76.

[229] 托马斯. 公共决策中的公民参与：公共管理者的新技能与新策略 [M]. 孙柏瑛，等译. 北京：中国人民大学出版社，

2004.

[230] 王超. 商业价值观 [J]. IT 经理世界，2002(14)：12-19.

[231] 王汉友，吴琨. 基于快速成型的遥控器设计迭代 [J]. 机电产品开发与创新，2009(4)：86-90.

[232] 王克勤，同淑荣. 产品设计决策的内涵及分类研究 [J]. 制造业自动化，2008(5)：5-7，59.

[233] 王浦劬. 政治学基础 [M]. 北京：北京大学出版社，1995.

[234] 王维方. 用户研究中的观察期与访谈法 [D]. 武汉：武汉理工大学，2009.

[235] 王伟光. 利益论 [M]. 北京：人民出版社，2001.

[236] 王霞. 消费主体身份认同——明星广告的符号学分析 [J]. 海外英语，2014(9)：262-265.

[237] 王玉民，颜基义，潘建均，等. 决策实施程序的研究 [J]. 中国软科学，2018(8)：125-136.

[238] 王贞. 汽车造型的设计创意与工程物化 [D]. 长沙：湖南大学，2014.

[239] 沃克，马尔. 利益相关者权力：21 世纪企业战略新理念 [M]. 赵宝华，刘彦平，译. 北京：经济管理出版社，2003.

[240] 吴鸽，周晶，雷丽彩. 行为决策理论综述 [J]. 南京工业大学学报（社会科学版），2013(3)：101-105.

[241] 吴佳惠. 政府食品安全监管决策力探析 [J]. 长春大学学报，2016(3)：66-69.

[242] 吴玲，贺红梅. 基于企业生命周期的利益相关者分类及其实证研究 [J]. 四川大学学报（哲学社会科学版），2005(6)：35-39.

[243] 吴尤可，王田. 基于蚁群群体智能理论的创新政策扩散研究 [J]. 科学学与科学技术管理，2014(4)：35-40.

[244] 西蒙. 管理行为 [M]. 杨砺，韩春立，译. 北京：北京经济学院出版社，1988.

[245] 郗建业，李成. 论产品造型设计中的最小信息单位 [J]. 包装工程，2006(7)：59-63.

[246] 锡克. 经济—利益—政治 [M]. 王福民，王成稼，沙吉才，译. 北京：中国社会科学出版社，1988.

[247] 辛明军. 面向协同设计系统的分布式群体决策支持技术研究 [D]. 西安：西北工业大学，2002.

[248] 闫利军，李宗斌，袁小阳，等. 鲁棒的多学科设计协同决策方法 [J]. 机械工程学报，2010(5)：168-176.

[249] 杨洁，杨育，赵川，等. 产品外形设计中客户感性认知模型及应用 [J]. 计算机辅助设计与图形学学报，2010(3)：538-544.

[250] 杨雷. 群体决策理论与应用 [M]. 北京：经济科学出版社，2004.

[251] 杨玉成. 拉卡托斯的“研究纲领”和经济学方法论 [J]. 自然辩证法研究，2003(2)：28-31，62.

[252] 姚湘，胡鸿雁，李江泳. 基于感性工学的车身侧面造型设计研究 [J]. 包装工程，2014(4)：40-43.

[253] 尹超. 事件原型衍生的自然交互设计与应用 [D]. 长沙：湖南大学，2014.

[254] 余隋怀. 设计教育要系统化植入定义与解决问题的框架[J]. 设计，2019(18)：69-71.

[255] 张爱琴，侯光明，李存金. 面向工程技术项目的群体创新方法集成研究 [J]. 科学学研究，2014(2)：297-304.

[256] 张芳燕，范俊伟，刘卓. 基于效用理论的产品设计决策方法及实例研究 [J]. 机械设计，2015(5)：109-113.

[257] 张福昌．工业设计中的系统论思想与方法［J］．美与时代，2010(9)：9-14.

[258] 张磊，葛为民，李玲玲，等．工业设计定义、范畴、方法及发展趋势综述［J］．机械设计，2013(8)：97-101.

[259] 张凌浩．张凌浩：中国工业设计个案的整理与反思——认识与跨越［J］．设计，2019(24)：87-89.

[260] 张茉楠，李汉铃．不确定性情境下决策主体认知适应性研究的范式探索［J］．中国软科学，2003(12)：141-146.

[261] 张文勤，石金涛，宋琳琳，等．团队中的目标取向对个人与团队创新的影响——多层次研究框架［J］．科研管理，2008(6)：74-81，100.

[262] 张缨．科尔曼法人行动理论述评［J］．中国社会科学院研究生院学报，2001(4)：89-112.

[263] 赵丹华，赵江洪．汽车造型特征与特征线［J］．包装工程，2007(3)：115-117.

[264] 赵丹华．汽车造型的设计意图和认知解释［D］．长沙：湖南大学，2013.

[265] 赵丹华．汽车造型特征的知识获取与表征［D］．长沙：湖南大学，2007.

[266] 赵海燕．协同产品开发中的决策支持理论和技术研究［D］．南京：南京理工大学，2000.

[267] 赵江洪，赵丹华，顾方舟．设计研究：回顾与反思［J］．装饰，2019(10)：12-16.

[268] 赵江洪．设计和设计方法研究四十年［J］．装饰，2009(9)：44-47.

[269] 赵江洪．设计心理学［M］．北京：北京理工大学出版社，2004.

[270] 赵江洪. 设计艺术的含义 [M]. 长沙：湖南大学出版社，2005.

[271] 赵奎礼. 利益学概论 [M]. 沈阳：辽宁教育出版社，1992.

[272] 赵伟. 广义设计学的研究范式危机与转向：从“设计科学”到“设计研究”[D]. 天津：天津大学，2012.

[273] 赵永峰. 认知社会语言学视域下的认知参照点与概念整合理论研究 [J]. 外语与外语教学，2013(1)：5-9.

[274] 中国大百科全书出版社编辑部，中国大百全书总编辑委员会《哲学》编辑委员. 中国大百科全书：哲学 [M]. 北京：中国大百科全书出版社，1998.

[275] 周俊. 问卷数据分析——破解 SPSS 的六类分析思路 [M]. 北京：电子工业出版社，2017.

附录　决策主体利益诉求与决策对象价值属性关系研究调查问卷

请回忆您参与或了解过的一次完整的产品设计项目，根据该项目的实际情况进行问卷填写。

1. 您的职能背景

○　设计师（造型设计师）

○　管理者（项目经理、投资方等）

○　工程师（技术人员、生产制造相关人员）

○　供应商

○　经销商

○　用户

○　其他________________________

2. 您的从业时间

○　1 年以内

○　1—5 年

○　6—10 年

○　11 年及以上

3. 您在该项目设计决策中的参与程度

○ 从头至尾参与

○ 参与部分环节

○ 了解项目但并未直接参与

4. 请根据设计项目的具体情况，对项目设计方案的各项价值属性进行评分。采用 5 级打分法，1—5 依次表示从非常低到非常高的评价

产品价值属性		非常低—非常高
社会维度	审美风格的优劣程度	1 2 3 4 5
	情感意义的优劣程度	1 2 3 4 5
	文化内涵的优劣程度	1 2 3 4 5
技术维度	结构布局的优劣程度	1 2 3 4 5
	生产工艺的优劣程度	1 2 3 4 5
	操作方式的优劣程度	1 2 3 4 5
	使用功能的优劣程度	1 2 3 4 5
商业维度	成本的高低	1 2 3 4 5
	价格的高低	1 2 3 4 5
	品牌价值的高低	1 2 3 4 5

5. 请根据设计项目的实际状况，对该项目中决策主体利益诉求的实现程度进行评分。采用 5 级打分法，1—5 依次表示从程度非常低到程度非常高的评价（说明：决策主体利益诉求指的是决策主体能从设计方案中获得的好处；决策主体利益诉求的实现程度指的是设计方案对决策主体的满足程度）

利益指标	程度非常低—程度非常高
设计师利益诉求实现程度	1 2 3 4 5
工程师利益诉求实现程度	1 2 3 4 5
管理者利益诉求实现程度	1 2 3 4 5
供应商利益诉求实现程度	1 2 3 4 5
经销商利益诉求实现程度	1 2 3 4 5
用户利益诉求实现程度	1 2 3 4 5